水理学の初歩
はじめて学ぶ人のために

荻原 能男 著

東海大学出版部

A First Course in Hydraulics
by Yoshio Ogihara
Tokai University Press, 2000.
ISBN978-4-486-01511-6

序

　水の力学は，土木工学では「水理学」，機械工学では「水力学」と呼ぶ．両者とも英語では Hydraulics で最初の基礎的部分はほとんど同じ内容である．他の力学と異なり，水は流体であるため力が加わると容易に変形するためか，学生にとっては難解の科目といわれている．

　水理学（水力学）の難しさは「力のつり合い」や「運動方程式」を組み立てるときの「対象物の選び方」と「抵抗力（摩擦力）への経験式の選び方」等である．

　本書は，水理学（水力学）をこれから学び始める人に必要な基礎的部分をしっかりと身につけていただいて先に進むことを願って記述した．身につけることは覚えることではなく，考えることにより自分なりの理論構築を行うことである．「なぜそうなるのか」，「誤りではないか」と常に頭脳を働かすようにしてほしい．「練習問題」を適当に配置してあるのはそのためである．「練習問題」が解けなくても，考えて苦しむことの方がより重要である．

　著者は昭和 34 年（1959 年）から平成 12 年（2000 年）まで約 40 年間，大学で水理学を学生に教えてきた．このたび，停年退職するにあたり，私の研究室の砂田憲吾氏等から，私の経験から「水理学の基礎」について本を書くように勧められた．さらに，私の停年退官記念会の代表者である工藤信雄氏，京ヶ島昭彦氏はじめ先輩，教え子その他多数の方々の激励を頂いた．出版にあたっては埼玉大学工学部の風間秀彦氏，東海大学海洋学部の福江正治氏のご紹介で東海大学出版会の小野朋昭氏にご指導を頂いた．厚く御礼を申し上げる．

　今日まで公私にわたりご指導を頂いた本間仁博士（東京大学名誉教授），吉川秀夫博士（東京工業大学名誉教授），椎貝博美博士（山梨大学学長）等の方々に感謝いたします．

平成 11 年（1999 年）12 月

荻原能男

目次

第1章 水理学を学ぶ前に ——————————————— 1
- 1.1 kg と kgf ……………………………………………………… 1
- 1.2 速度と加速度 …………………………………………………… 2
  - (1) 速度 ………………………………………………………… 2
  - (2) 加速度 ……………………………………………………… 3
  - (3) ラグランジュの方法 ……………………………………… 4
  - (4) オイラーの方法 …………………………………………… 5
- 1.3 物体に力が働くと動き出す …………………………………… 6
- 1.4 物理量の単位と次元 …………………………………………… 8
  - (1) 物理量は数値と単位から成る …………………………… 8
  - (2) 物理量の数値には有効数字がある ……………………… 8
  - (3) 物理量の加減算は同じ次元量 …………………………… 9
  - (4) 次元 ………………………………………………………… 9
- 1.5 単位の変換 ……………………………………………………… 10

第2章 水の物理的性質 ——————————————— 13
- 2.1 密度 ……………………………………………………………… 13
- 2.2 単位重量（単位体積重量）…………………………………… 14
- 2.3 比重 ……………………………………………………………… 14
- 2.4 圧縮率，体積弾性係数 ………………………………………… 15
- 2.5 表面張力 ………………………………………………………… 16
- 2.6 毛細管現象 ……………………………………………………… 18
- 2.7 粘性 ……………………………………………………………… 19
- 2.8 流体の種類 ……………………………………………………… 22
  - (1) 気体と液体 ………………………………………………… 22
  - (2) 圧縮性流体と非圧縮性流体 ……………………………… 22
  - (3) 完全流体と実在流体 ……………………………………… 22

目次

- 第3章 図形の性質 ———————————————————— 25
  - 3.1 図形のN次モーメント ……………………………… 25
  - 3.2 図形の0次モーメント ……………………………… 26
  - 3.3 図形の1次モーメント ……………………………… 26
  - 3.4 図形の1次モーメントと図心 ……………………… 27
  - 3.5 図形の2次モーメント ……………………………… 29
- 第4章 静水力学の基礎 ———————————————————— 31
  - 4.1 静水圧とは ………………………………………… 31
  - 4.2 圧力の単位 ………………………………………… 32
  - 4.3 2層以上の液体中の圧力 …………………………… 34
  - 4.4 静水圧の一般表示 ………………………………… 35
  - 4.5 静水圧と水頭 ……………………………………… 38
  - 4.6 マノメータは端から計算 ………………………… 39
  - 4.7 平面に働く静水圧 ………………………………… 41
  - 4.8 曲面に働く静水圧 ………………………………… 45
- 第5章 エネルギと比エネルギ・水頭 ———————————————— 51
  - 5.1 仕事 ………………………………………………… 51
  - 5.2 仕事率 ……………………………………………… 52
  - 5.3 エネルギ …………………………………………… 52
    - (1) 位置のエネルギ ………………………………… 52
    - (2) 運動のエネルギ ………………………………… 53
    - (3) 圧力のエネルギ ………………………………… 54
    - (4) 比エネルギ ……………………………………… 54
  - 5.4 エネルギ保存則 …………………………………… 57
- 第6章 浮体の安定 ———————————————————— 59
  - 6.1 アルキメデスの原理 ……………………………… 59
  - 6.2 浮心,重心 ………………………………………… 60
  - 6.3 重心が浮心より下にあれば浮体は安定 ………… 60
  - 6.4 重心が浮心より上にあっても浮体は安定の場合がある …… 60
  - 6.5 傾心 ………………………………………………… 62
  - 6.6 直方体の浮体の傾心高の求め方 ………………… 62

6.7	軸対称の一般的な浮体の傾心高の求め方	66
6.8	浮体の復元力	70
6.9	浮体の安定計算	71

問題の解答 ——————————————————— 73

事項索引 ————————————————————— 83

第1章

水理学を学ぶ前に

1.1 kg と kgf

水理学の授業の最初に，何人かの学生が「kg と kgf」で戸惑う．我々は質量 1 kg の物体の重量は地球上では 1 kgf であることを知っている．どちらも 1 キログラムであるから，区別して使っていないために混乱が生ずる．1 kg は「1 キログラム」，1 kgf は「1 キログラム重」と区別して呼ばなければならない．

質量 1 kg の物体は地球上でも人工衛星の中でも 1 kg であるが，この物体は地球上では 1 kgf であるが人工衛星の中では 0 kgf である．質量は場所で変わらないが，重量は場所でその値が変わる．厳密には地球上でも場所で重量は変わる．高い山の上の方が軽くなる．

国際標準化機構 (International Organization for Standardization：略称 ISO) では，1971年に正規国際規格 ISO 1000 で SI 単位 (International System of Units：国際単位系) を用いることを決めた．SI 単位には kgf はない．重量・力には N（ニュートン）を用いることになっている．

$$1\,\mathrm{kgf} = 9.80665\,\mathrm{N} \tag{1.1}$$

である．

しかし，kgf は現場では依然として使われていて，N に違和感を持つ人も多い．また，kg と kgf の違いを理解することは，力学的には興味深いことであるから，ここで特に記述した．

日本においては，1885（明治18）年にメートル条約に加盟し，1891（明治24）年に度量衡法を制定した．1951（昭和26）年に度量衡法が計量法に変わり，その後何度か改正されたが，1992（平成4）年に新計量法が制定されて，

計量単位は国際的に合意された「SI 単位」に統一された．この法律は1993年11月1日から施行されたが，kgf（キログラム重）等は7年の使用猶予期間が設けられ，1999年9月30日まで使用が認められていた．

　1999年10月1日からは旧単位を使った取引や証明等は禁止され，違反者には50万円以下の罰金が科せられる．しかし，計量法で扱う計量単位は，取引・証明に適用するのを原則とするので，次のような一般的な場合での使用には必ずしも適用しなくてもよいとされている．

① スポーツ，ゲームなどで取引・証明に関係のない日常生活での使用
② 学術論文など，その分野の学術研究における単位の使用
③ 学校教育において，教育上の観点から教育の段階に応じて適当と判断されて定められた単位の使用

　　　　［日本規格協会発行：SI 化マニュアル　新計量法への適用　等参照］

1.2　速度と加速度

(1)　速度

長さ100 m の距離を20 sec（秒）で走ると，平均速度は100 m ÷ 20 sec = 5 m/sec であるという．5 m/sec を「毎秒5 m の速度」とか「5メートル・パー・セカンド」という．

図1.1のように直線上の運動を考える．時刻 $t=0$ のときに場所 $x=0$ を出発して，時刻 $t=t$ のときに場所 $x=x$ に到達した．その後，Δt 時間経過後の時刻 $t=t+\Delta t$ には場所 $x=x+\Delta x$ に到達したとする．このとき，時刻 $t=t$，場所 $x=x$ での速度 v は次のようにして計算される．

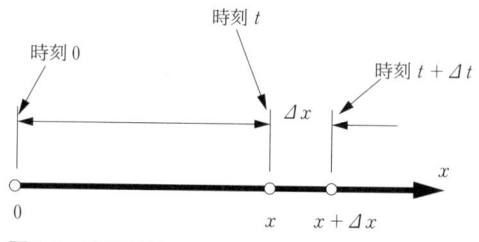

図1.1　直線運動

$$v = \lim_{\Delta t \to 0} \frac{x(t+\Delta t) - x(t)}{\Delta t} = \lim_{\Delta t \to 0} \frac{x + \Delta x - x}{\Delta t} = \lim_{\Delta t \to 0} \frac{\Delta x}{\Delta t}$$

これは微分の定義 $\frac{dx}{dt} = \lim_{\Delta t \to 0} \frac{\Delta x}{\Delta t}$ そのものである．したがって，速度 v は通過距離 x を通過時間 t で微分したものである．すなわち，

$$v = \frac{dx}{dt} \tag{1.2}$$

である．

通過距離 x は時間 t の関数である．t が決まれば x が決まり，さらに，そこでの速度 v も決まる．この種の説明は昔の大学生には必要なかったが，最近は必要になった．それは能力ではなく未経験であるからであろうか．

最近はこのことを覚えようとする人が多い．その人は本質的な誤りをしている．「速度とは何か」，「微分とは何か」の疑問に「自分で考えて」解決する努力が大切である．何回か問題を考えて解くことが早く理解する方法でもある．

【問題】

1.1 地球上で物が落下するときの落下距離 x と時間 t の関係を求めよ．ただし，$t = 0$ のとき $x = 0$ で静止の状態から落下したものとする．

---

(2) 加速度

速度 $2\mathrm{m/sec}$（$2\mathrm{m/s}$ と書くこともある）で動いている物体が 1 秒後に $5\mathrm{m/s}$ の速度になった．このときの加速度が $\frac{5\mathrm{m/s} - 2\mathrm{m/s}}{1\mathrm{s}} = 3\mathrm{m/s^2}$ である．厳密には 1 秒間の平均加速度である．

ある時刻 t から微小時間 dt 時間の間に，速度が v から $v + dv$ に増えた．このとき加速度 a は

$$a = \frac{dv}{dt} \tag{1.3}$$

と表す．

微分の定義に戻れば $a = \frac{dv}{dt} = \lim_{\Delta t \to 0} \frac{v(t+\Delta t) - v(t)}{\Delta t}$ である．

【問題】

1.2 通過距離 x と時間 t の関係が $x = \dfrac{1}{2} a_0 t^2 + v_0 t + x_0$ であるとき、速度 v、加速度 a を求めよ。

(3) ラグランジュの方法

これまでの説明は1次元（直線上）の説明であった。これを3次元空間（立体空間）「t, x, y, z」に拡張することができる。$t = 0$ に $x = a$, $y = b$, $z = c$（前の直線運動では $t = 0$ で $x = 0$ とした）を出発し、$t = t$ に $x = x$, $y = y$, $z = z$ に図1.2に示すように到達したとすると、速度の x 軸方向成分は $\dfrac{\partial x}{\partial t}$ である。ここで、$\dfrac{dx}{dt}$ と常微分で表さないのはなぜか。

1つの流跡線[1]のみで考えると、上記の速度は常微分でよい。場所 x, y, z はすべて時間 t のみの関数であるからである。ところが流れの場全体について考えるには、隣の流跡線、そのまた隣の流跡線と考えなければならない。すな

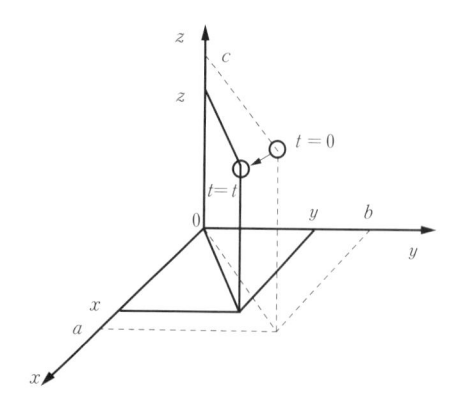

図1.2 立体空間の運動

---

[1] 流跡線は流線とは別のもので、流体粒子の流れた軌跡である。流線はある時刻に流れの方向にすべての点で接する線である

わち，$t=0$ のときの出発点 (a,b,c) が無限にあるのが立体空間の流体の流れである．したがって，a,b,c も t と同じく変数である．

このような考え方で，速度（流速）の x,y,z 軸成分はそれぞれ

$$\frac{\partial x}{\partial t} \qquad \frac{\partial y}{\partial t} \qquad \frac{\partial z}{\partial t} \tag{1.4}$$

となり，加速度の x,y,z 軸成分はそれぞれ

$$\frac{\partial^2 x}{\partial t^2} \qquad \frac{\partial^2 y}{\partial t^2} \qquad \frac{\partial^2 z}{\partial t^2} \tag{1.5}$$

となることが理解されよう．これをラグランジュ（Lagrange）の方法という．

(4) オイラーの方法

図1.3は2次元の流れである．2次元の流れとは x,y 2軸に直交する z 軸方向の流れがなく，すべての物理量が z 軸方向に変化しない x,y の2軸で説明できる立体空間の流れである．

この図1.3において，場所 (x,y) における流速の x 方向成分を u とし，y 方向成分を v とすると，これ等は時間 t と場所 (x,y) の関数である．

これを $u=u(t,x,y)$ および $v=v(t,x,y)$ と書く．また，時刻 $t=t$ においてAすなわち (x,y) にあった流体粒子は，時刻 $t=t+dt$ にはBすなわち $(x+udt, y+vdt)$ に移動している．

この流体粒子の x 方向の加速度 a_x は次のように計算される．

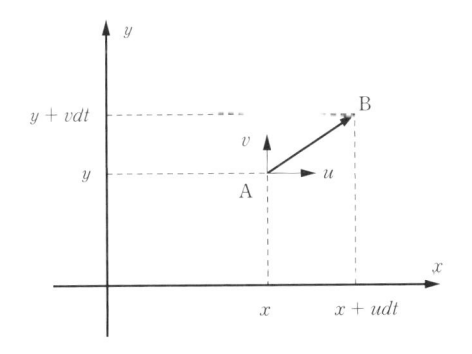

図1.3 加速度の説明

$$\begin{aligned}
a_x = \frac{du}{dt} &= \lim_{\Delta t \to 0} \frac{u(t+\Delta t, x+u\Delta t, y+v\Delta t) - u(t,x,y)}{\Delta t} \\
&= \lim_{\Delta t \to 0} \frac{u(t+\Delta t, x+u\Delta t, y+v\Delta t) - u(t, x+u\Delta t, y+v\Delta t)}{\Delta t} \\
&\quad + \lim_{\Delta t \to 0} \frac{u(t, x+u\Delta t, y+v\Delta t) - u(t, x, y+v\Delta t)}{\Delta t} \\
&\quad + \lim_{\Delta t \to 0} \frac{u(t, x, y+v\Delta t) - u(t, x, y)}{\Delta t} \\
&= \frac{\partial u}{\partial t} + u\frac{\partial u}{\partial x} + v\frac{\partial u}{\partial y}
\end{aligned} \tag{1.6}$$

ここで，$\dfrac{\partial u}{\partial t}$ を時間的加速度項，$u\dfrac{\partial u}{\partial x}+v\dfrac{\partial u}{\partial y}$ を場所的加速度項（移流項）という．

t,x,y は互いに独立の変数であるが，ここでの微分では時刻 $t=t$ に場所 (x,y) にあった流体粒子が図1.3のAからBに移動したことを考慮している．その限りでは場所 x の変化量 $\varDelta x$ は $\varDelta x=u\varDelta t$，場所 y の変化量 $\varDelta y$ は $\varDelta y=v\varDelta t$ の関係を要求されていて自由ではない．微分に関する限り dx，dy は dt に依存している．したがって，$\dfrac{du}{dt}$ は場所 (x,y) を通過する流体粒子の加速度の x 方向成分である．

y 方向成分も同様にして

$$a_y = \frac{dv}{dt} = \frac{\partial v}{\partial t} + u\frac{\partial v}{\partial x} + v\frac{\partial v}{\partial y} \tag{1.7}$$

となる．

この方法をオイラー（Euler）の方法という．

1.3　物体に力が働くと動き出す

　質量1kgの物体に力が働いて1m/s^{2}の加速度が生じたときに，その力を1N（ニュートン）という．質量5kgの物体に力が働いて2m/s^{2}の加速度が生じたときに，その力は10Nである．

　「質量1kgの物体に1kgfの力が働いた．加速度は幾らになるか？」この質問に今の大学生で答えられない人がいる．「地球上では質量1kgの物体の重量は1kgfである」ことは前にも書いた．

1.3 物体に力が働くと動き出す ——— 7

　地球上で重さを感じるのは，地球の引力で物体が引っ張られるからである．その引っ張る力が重力である．物体に力が働けば，その物体は加速度運動をする．この関係を示したのがニュートン（Newton）の運動の法則である．

ニュートンの運動法則

第一法則 「外部から力を受けなければ，物体は静止するか等速運動をする」

第二法則 「物体に力が働くと加速度が生ずる，質量をM，加速度をa，力をFとすると，
$$F = Ma \tag{1.8}$$
である」

第三法則 「2つの物体が直接互いに及ぼし合う力（作用と反作用）は，同一直線上で大きさが等しく向きが逆である」

　「地球上の物体は重力を受けて加速度運動をする」．そのときの加速度は物体の落下時の加速度で「重力の加速度」という．その値は国際標準値で$g = 9.80665 \, \text{m/s}^2$である．

　　「京都の実測値$9.79722 \, \text{m/s}^2$，昭和基地の実測値$9.82540 \, \text{m/s}^2$など（理科年表）」

　運動の第二法則により，$1 \, \text{kgf} = 1 \, \text{kg} \times 9.80665 \, \text{m/s}^2 = 9.80665 \, \text{kg} \cdot \text{m/s}^2$である．

　先に，質量$1 \, \text{kg}$の物体に力が働いて$1 \, \text{m/s}^2$の加速度が生じたときに，その力を$1 \, \text{N}$（ニュートン）ということを説明した．すなわち，$1 \, \text{N} = 1 \, \text{kg} \cdot \text{m/s}^2$である．$1 \, \text{kgf}$は$9.80665 \, \text{N}$であることがわかる．

　先ほどの質問，「質量$1 \, \text{kg}$の物体に$1 \, \text{kgf}$の力が働いた．加速度は幾らになるか？」の答えは$9.80665 \, \text{m/s}^2$である．

【問題】

1.3 次の文中の ① ， ② ，……， ⑩ に正しい数値を記入せよ．ただし，数値の有効数字は3桁とする．

(1) 地球上で体積$0.050 \, \text{m}^3$，重量$48 \, \text{kgf}$の液体の密度は ① kg/m^3で，単位重量は ② N/m^3である．

(2) 地球上で質量 ③ kg の物体の重量は ④ kgf である．また，これは980.7 N（ニュートン）になる．

(3) 質量 ⑤ kg の物体が $10\,\mathrm{m/s^2}$ の加速度で運動したとき働いた力は 50000 N，すなわち ⑥ kgf である．

(4) 地球上で質量30 kg（キログラム）の物体の重量は ⑦ kgf（キログラム重）である．また，これは ⑧ N（ニュートン）になる．

(5) 質量 ⑨ kg の物体が $20\,\mathrm{m/s^2}$ の加速度で運動したときに働いた力は 30000 N，すなわち ⑩ kgf である．

1.4 物理量の単位と次元

(1) 物理量は数値と単位から成る

我々が使う数字は大部分が「測定値」や「物を制作したり設置したりするための計算値」等である．これらをここでは「物理量」と呼ぶことにする．この物理量は 数値 ・ 単位 で構成される．例えば，12.36 m，38.06 N・m，等である．数値だけ書いても何も役立たないどころか混乱が生じ，相手が迷惑する．

(2) 物理量の数値には有効数字がある

また，12.36 m と 12.4 m では 有効数字 の桁数が違う．例えば，10.00 m のように 1 cm まで信頼できる長さを 3 等分すると，10.00 m ÷ 3 ≒ 3.333333… m と割り切れず，どこまで表せばよいか決断しなければならない．元の長さが 1 cm まで信頼できるから 3 等分した値も cm までとするのが常識的である．したがって，3.33 m とするのがよい．

本来， 最確値 ± 確率誤差 の中に 真値 が含まれる確率が50%であるとする誤差理論を用いて処理するのがよい．すべてこのような処理をすることは不可能であるので，このことを頭に入れた常識的な処理が望まれる．

長さを測って面積を計算するとき，例えば 3.20 m × 4.51 m = 14.432 m² とするのに違和感が持てればしめたものである．実はこのように桁数を多く取る人が多い．3.20 m × 4.51 m = 14.4 m² としてよいことを説明できるようにしたい．

(3) 物理量の加減算は同じ次元量

また，2.13 m + 124 cm は計算できて，3.37 m あるいは337 cm である．ところが，1.23 kg + 2.34 m は計算できないことはわかるのに，1.23 kg + 2.34 kgf を計算してしまう人がいる．

文字計算でもこの種の誤りをする人は少なくない．例えば a, b, c が長さを表し，V が体積を表す場合，$V = 2abc + 3a^2c^2/b$ は理解できるが，$V = 2abc + 3ac^2/b$ は誤って書いた可能性が強い．それは第2項の $3ac^2/b$ が m² の単位を持つ可能性が強いからである．第2項の $3ac^2/b$ が m³ の単位を持つためには係数の3が単位（次元）持たなければならない．使用する単位が m と cm で係数の3が3mになったり300 cm になったりして，値が変わり不便である．したがって，係数が単位（次元）を持つ式は好ましくない．

(4) 次元

このように，加減算は同じ性質のものでないと計算できない．この性質を表すのに次元（Dimension）を用いる．我々が水理学で用いる次元の基本次元は「MLT 次元系」と「FLT 次元系」である．

「MLT 次元系」：質量 [M]，長さ [L]，時間 [T] を基本にして，面積は [L²]，力は [MLT⁻²] 等と表す方法である．

「FLT 次元系」：力（重量）[F]，長さ [L]，時間 [T] を基本にして，面積は [L²]，力は [F] 等と表す方法である．

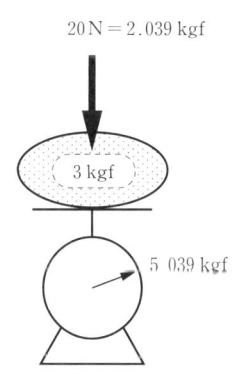

図1.4 「力」と「重さ」の和

力と重さ（重量）は同じ次元であるが，これらが別であると考えている人も多い．また，無次元量を [0] と書く人がいる．これは誤りである．無次元量は $[M^0L^0T^0]=[1]$ すなわち $[1]$ である．

k が無次元量で A が面積のとき，kA も面積の次元を持つ．これを次元式で書くと $[kA]=[k][A]=[1][L^2]=[L^2]$ となる．$[k]=[0]$ ではどうなるかわかるだろう．

【問題】

1.4 次の物理量の次元を「MLT 次元系」と「FLT 次元系」で表せ．
①面積，②加速度，③重量，④質量，⑤密度，⑥単位体積重量，⑦圧縮率，⑧粘性係数，⑨動粘性係数，⑩比重

1.5 加減算のできるものは同じ次元のものである．具体的な例を示せ．

1.6 乗除計算は意味がある計算である．例えば，
　1 N の力で 1 m 持ち上げるときの仕事が 1 J（ジュール）である．
　したがって，1 J = 1 N × 1 m = 1 N·m と書ける．
　1 s（秒）に 1 J の仕事をするときの仕事率が 1 W（ワット）である．
　したがって，1 W = 1 J ÷ 1 s = 1 J/s と書ける．
　まとめると，t 時間に重さ F の物体を距離 l 持ち上げる場合の仕事が $W=F\cdot l$ であり，仕事率が $P=W/t$ である．
　「仕事率（power）」のことを「工率」とか「動力」ともいうこともある．毎秒 100 m³ の水を 200 m 落下させた場合の仕事率は何 kW か計算せよ．

1.5　単位の変換

時速 60 km は秒速何 m であるか．このようなことが単位の変換である．人は疲れると勘違いをする，そのためこのような計算をよく誤る．

ある量に「無次元の 1」を掛けてもその値は変わらない．無次元の [1] とはどんなモノか，例をあげると次のようなモノである．

$$\frac{1000\,\text{m}}{1\,\text{km}} \qquad \frac{1\,\text{hr}}{3600\,\text{s}} \qquad \frac{9.80665\,\text{N}}{1\,\text{kgf}} \qquad \frac{1\,\text{kgf}}{9.80665\,\text{N}}$$

分母，分子が等しいときは，その比（商）は 1 である．

上の例では 1 hr（時間）＝ 3600 s（秒），1 km ＝ 1000 m の関係を使って

$$60\,\mathrm{km/hr} = 60\,\frac{\mathrm{km}}{\mathrm{hr}} \times 1 \times 1 = \frac{60\,\mathrm{km}}{1\,\mathrm{hr}} \times \frac{1000\,\mathrm{m}}{1\,\mathrm{km}} \times \frac{1\,\mathrm{hr}}{3600\,\mathrm{s}} = \frac{60}{3.6} \cdot \frac{\mathrm{m}}{\mathrm{s}}$$
$$= 16.67\,\mathrm{m/s}$$

と計算する．単位の km, hr, m, s を文字計算のときの a, b, c, $\cdots$, x, y, z 等と同じに扱って計算し，数値は数値で計算すればよい．$5a \times 3b = 15ab$ と同じである．

物理量の計算は ｜ 数値 ｜・｜ 単位 ｜ の計算である．

【問題】

1.7 次の①②③に正しい数値を計算して記入せよ．

10 m/s ＝ ｜ ① ｜ km/hr　　65 kgf ＝ ｜ ② ｜ N

1000 hPa ＝ ｜ ③ ｜ kgf/cm²

参考　1 hPa（ヘクトパスカル）＝ 100 Pa（パスカル），1 Pa ＝ 1 N/m²，1 kgf ＝ 9.80665 N

第2章

水の物理的性質

2.1 密度

質量が $M=1002\,\mathrm{kg}$，体積が $1.005\,\mathrm{m}^3$ の物体の単位体積あたりの質量は
$$1002\,\mathrm{kg} \div 1.005\,\mathrm{m}^3 = 997.0\,\mathrm{kg/m}^3$$
である．この「単位体積あたりの質量」を「密度 (density)」という．

一般に質量 M 体積 V の物体の密度 ρ は
$$\rho = \frac{M}{V} \tag{2.1}$$
である．密度を表す文字は ρ（ギリシャ文字のロー）を用いる場合が多い．

密度の次元は $[\mathrm{ML}^{-3}]$ および $[\mathrm{FL}^{-4}\mathrm{T}^2]$ であり，単位は $\mathrm{kg/m}^3$, $\mathrm{g/cm}^3$, $\mathrm{kgf \cdot s^2/m^4}$ 等である．密度は圧力，温度で変わる．

1気圧（1013.25 hPa）のもとでの水の密度を表2.1に示す．

> 【問題】
> 2.1 水の密度を $1000\,\mathrm{kg/m}^3 = 1.00\,\mathrm{g/cm}^3$ とした場合，1気圧40℃の水で何%の誤差を持つことになるか．

上の問題でわかるように，精度を1%以上要求しなければ，水の密度は $1.00\,\mathrm{g/cm}^3$ としてよい．

表2.1 水の密度

温度（℃）	0	4	10	20	30	40
密度（kg/m³）	999.8	1000.0	999.7	998.2	995.7	992.2

2.2 単位重量（単位体積重量）

重量が $W = 1003\,\mathrm{kgf}\,(9836.07\,\mathrm{N})$，体積が $1.004\,\mathrm{m}^3$ の物体の単位体積あたりの重量は

$$1003\,\mathrm{kgf}\,(9836.07\,\mathrm{N}) \div 1.004\,\mathrm{m}^3 = 999.004\,\mathrm{kgf/m}^3\,(9796.88\,\mathrm{N/m}^3)$$

である．この「単位体積あたりの重量」を「単位重量（unit weight）」という．
一般に重量 W，体積 V の物体の単位重量 w は

$$w = \frac{W}{V} \tag{2.2}$$

である．単位重量を表す文字は w（小文字のダブリュー）を用いる場合が多い．

単位重量の次元は $[\mathrm{ML}^{-2}\mathrm{T}^{-2}]$ および $[\mathrm{FL}^{-3}]$ であり，単位は $\mathrm{kgf/m}^3$，$\mathrm{N/m}^3$，$\mathrm{gf/cm}^3$，$\mathrm{kg/(m^2 s^2)}$ 等である．

単位重量は場所，圧力，温度で変わる．密度 ρ，単位重量 w，重力の加速度 g の間には

$$w = \rho g$$

なる関係がある．

【問題】

2.2 密度 $\rho = 998.2\,\mathrm{kg/m}^3$ の物体の地球上での単位重量 w を計算せよ．

2.3 比重

一般に用いられている比重（specific gravity）は，その物質の単位重量 w（密度 ρ）を 1 気圧 4 °C の水の単位重量 w_0（密度 ρ_0）で割った比である．比重を s とすると

$$s = \frac{w}{w_0} = \frac{\rho}{\rho_0} \tag{2.3}$$

である．

比重の次元は $[1]$ すなわち無次元量である．単位はない．

【問題】

2.3 単位重量が $w = 7845\,\mathrm{N/m}^3$ の液体の比重は幾らか．

2.4 圧縮率，体積弾性係数

体積 V の物質に圧力 Δp が働いたとき体積が ΔV 縮小した．
ΔV が Δp および V にそれぞれ比例する場合には比例常数を β として

$$\Delta V = \beta V \Delta p \tag{2.4}$$

なる関係が成り立つ．このとき β を圧縮率（compressibility）という．

圧縮率 β の次元は $[M^{-1}LT^2]$ または $[F^{-1}L^2]$ で，単位は Pa^{-1} 等である．
1気圧（$=1013.25\,hPa$），20℃のとき，水の圧縮率は $0.45\,GPa^{-1}$ である．
　{注意}　$1\,G$（ギガ）$=10^9$，$1\,M$（メガ）$=10^6$，$1\,k$（キロ）$=10^3$

体積弾性係数（bulk-modulus）K は圧縮率 β の逆数である．すなわち，

$$\Delta p = K \frac{\Delta V}{V} \tag{2.5}$$

である．

棒の伸縮に用いるフックの法則（Hooke's law）は，変形が小さい範囲では「ひずみ」と「応力」の間に線形関係があり，その比例常数を「ヤング率」「剛性率」等と呼んでいる．

体積弾性係数 K の次元は圧力と同じ次元で $[ML^{-1}T^{-2}]$ および $[FL^{-2}]$ で，単位は Pa，kgf/cm^2 等である．

【問題】

2.4 体積が $V=10.00\,m^3$ の水に圧力 $\Delta p = 100\,kgf/cm^2$ が作用したとき，体積の縮小量 ΔV を計算せよ．ただし，圧縮率は $\beta = 0.45\,GPa^{-1}$ である．

2.5 体積 V と圧力 p との間に $V=f(p)$ なる関係があるとき，体積弾性係数 K は次式で計算されることを示せ．

$$K = -\frac{f}{df/dp} \tag{2.6}$$

2.5 表面張力

　液体の内部では分子間引力が等方的に働いている．気体と液体の境界面（表面という）では，この分子間引力が余って「表面張力（surface tension）」として表れる（図2.1）．

　水の空気に対する表面張力を表2.2に示す．

　雨滴のように，表面張力により空気中の液体は球状の液滴になる．重力の作用が無視できる場合には液滴は球になる．

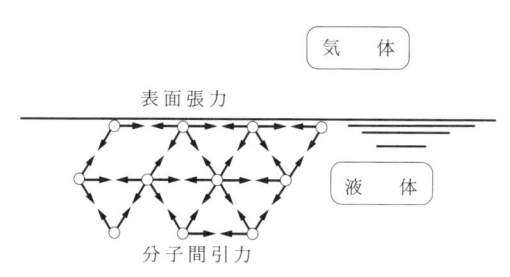

図 2.1 表面張力の説明

表 2.2 空気に対する水の表面張力

温度（C°）	0	10	20	30	40
表面張力（$\times 10^{-5}$ N/m）	75.62	74.20	72.75	71.15	69.55

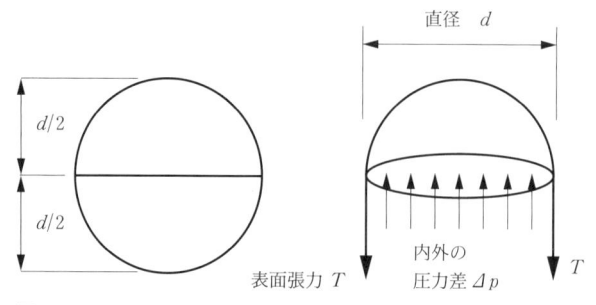

図 2.2 球の内外圧力差と表面張力

球状の液滴は，表面張力のために内部と外部で圧力差が生ずる．図2.2は球の直径が d，内外の圧力差が Δp，表面張力が T の場合の力のつり合いから，表面張力 T の計算式を求めるための説明図である．

円周に働く表面張力 $\pi d \times T$ と球断面（切り口）に働く圧力 $\dfrac{\pi d^2}{4} \Delta p$ とがつり合うので，次式が得られる．

$$T = \frac{d}{4} \Delta p \qquad \text{または} \qquad \Delta p = \frac{4}{d} T \tag{2.7}$$

表面張力 T の次元は $[MT^{-2}]$ および $[FL^{-1}]$ である．単位は N/m，kgf/m などである．

【問題】

2.6 楕円球のように曲率半径が一様でない場合には（図2.3），主曲率半径 R_1，R_2 から内外圧力差 Δp と表面張力 T の関係式が次のようになることを証明せよ．

$$\Delta p = T \left(\frac{1}{R_1} + \frac{1}{R_2} \right) \tag{2.8}$$

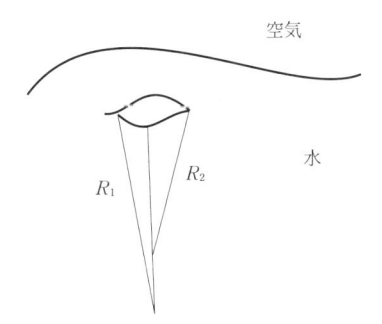

図2.3 主曲率半径 R_1，R_2

2.7 雨滴の球の直径が $d = 1.00\,\text{mm}$，内外圧力差が $\Delta p = 0.300\,\text{kgf/m}^2$ のとき，表面張力 T は何 N/m になるか．

2.8 空中に直径 $d = 3\,\text{mm}$ の水滴（球）がある．この水滴の内部の圧力は外部に比較してどの程度高いか計算せよ．ただし水温は25℃で，空気に対する水の表面張力は $T = 71.96 \times 10^{-5}\,\text{N/m}$ である．

2.6 毛細管現象

表面張力により，細い管に液体が上昇する現象を「毛細管現象（capillary phenomenon）」という．図2.4に示すように，表面張力 T により水柱を上に持ち上げようとする力は，管の円周 πd に表面張力の鉛直成分 $T\cos\theta$ を掛けて $T\cos\theta \times \pi d$ となる．一方，水柱の重さは水柱の体積 $\frac{\pi}{4}d^2 h$ に水の単位重量 w を掛けて $\frac{\pi}{4}wd^2 h$ となる．これらが等しいと力がつり合って水柱は静止する．このときの水柱の高さ（長さ）h を毛（細）管高という．h を求めると

$$h = \frac{4\,T\cos\theta}{wd} \tag{2.9}$$

ただし，θ は管壁と水の接触角である．常温の水の場合 $\theta = 8°\sim 9°$ である．

【問題】

2.9 図2.4において，水柱が上昇途中などの運動中について，運動方程式を導け．

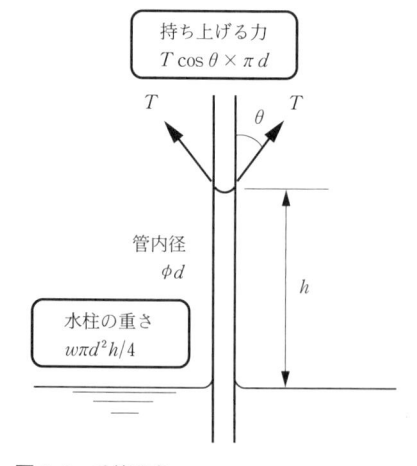

図2.4 毛管現象

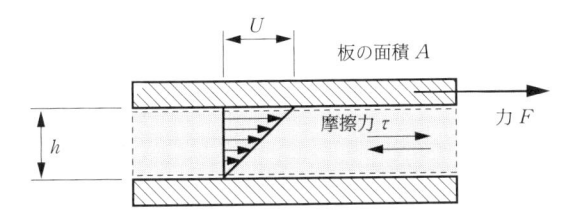

図 2.5　粘性の説明

2.7　粘性

粘性（viscosity）は「流れの速さの違いをならして一様にしようとする性質」である．気体の場合は分子運動による運動量変化により生じ，液体の場合はそのほかに分子間引力により生ずるといわれている．

図2.5は2枚の平行平板（面積はA）の間に液体を挟んで，下の板を固定し上の板に力Fを図のようにかけると，上の板は速度Uで動く．上の板に接している液体は板に付着して動き，図のように下の板で速度0になる流速分布を示す．

このとき，流体の内部に摩擦力（剪断力）τが図のように働く，τは次式で計算される．

$$\tau = \frac{F}{A} \tag{2.10}$$

また，板の速度Uを板の間隔hで割ったU/hを「ひずみ速度」とか「速度こう配」と呼び，摩擦力τとの間に

$$\tau = \mu \frac{U}{h} \tag{2.11}$$

なる関係がある．これをニュートンの摩擦法則という．

この関係をより一般的に書くと，図2.6のような流れで次のように説明される．

図2.6のようにx方向の2次元平行流れにおいて，x方向の流速uはyのみの関数である．任意の点の歪み速度（速度こう配）は$\frac{du}{dy}$で与えられ，その点の摩擦力τとの間に

20 ── 第2章　水の物理的性質

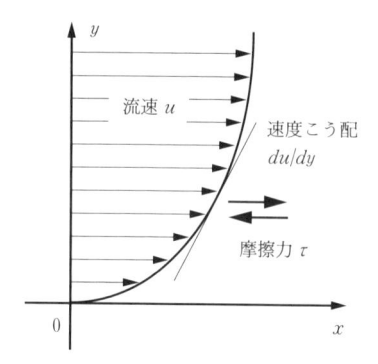

図2.6　速度こう配と摩擦力

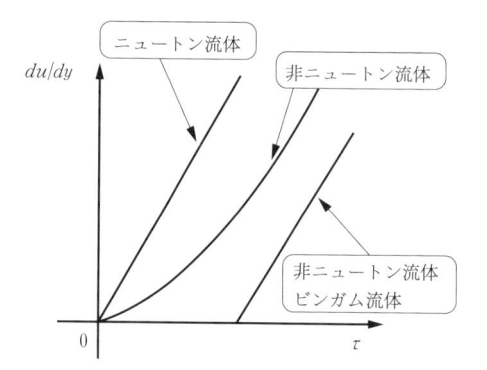

図2.7　ニュートン流体の説明

表2.3　水の粘性係数 μ と動粘性係数 ν

温度（C°）	0	5	10	15	20	25	30	40
μ (Pa·s)	$\times 10^{-3}$ 1.792	$\times 10^{-3}$ 1.520	$\times 10^{-3}$ 1.307	$\times 10^{-3}$ 1.138	$\times 10^{-3}$ 1.002	$\times 10^{-3}$ 0.890	$\times 10^{-3}$ 0.797	$\times 10^{-3}$ 0.653
ν (m²/s)	$\times 10^{-6}$ 1.792	$\times 10^{-6}$ 1.520	$\times 10^{-6}$ 1.307	$\times 10^{-6}$ 1.139	$\times 10^{-6}$ 1.0038	$\times 10^{-6}$ 0.893	$\times 10^{-6}$ 0.801	$\times 10^{-6}$ 0.658

$$\tau = \mu \frac{du}{dy} \tag{2.12}$$

の関係があるとき，この流体をニュートン流体（Newtonian Fluid）といい，係数 μ を粘性係数（coefficient of viscosity）と呼ぶ．

図2.7はニュートン流体と非ニュートン流体（Non-Newtonian Fluid）の違いを説明した図である．

粘性係数 μ の次元は $[ML^{-1}T^{-1}]$ および $[FL^{-2}T]$ である．したがって，単位は Pa·s, P（ポアズ），kgf·s/cm^2 等である．なお，10 P (dyn·s/cm^2) = 1 Pa·s である．

粘性係数 μ をその流体の密度 ρ で割った値を動粘性係数（coefficient of kinematic viscosity）といい，ν で表す．

$$\nu = \frac{\mu}{\rho} \tag{2.13}$$

動粘性係数の次元は $[L^2T^{-1}]$ であり，単位は m^2/s, cm^2/s 等である．

【問題】

2.10 単位重量が $w = 1000\,\text{kgf/m}^3$，動粘性係数が $\nu = 0.0100\,\text{cm}^2/\text{s}$ の液体の粘性係数 μ は何 Pa·s になるか．

2.11 図2.6に示す x 方向の平行流れの流速分布 u を摩擦力 τ から計算する場合がある．
摩擦力 τ が $\tau = f(y)$ のとき，ニュートン流体として流速 u を求めよ．ただし，流体の粘性係数を μ とする．

2.12 ニュートン流体では摩擦力 τ の正負をどのように定義しているか．

2.8 流体の種類

(1) 気体（Gas）と液体（Liquid）
気体の代表は空気，液体の代表は水である．

(2) 圧縮性流体（Compressible Fluid）と非圧縮性流体（Incompressible Fluid）

圧縮されない流体は存在しないが，流体力学では圧力により流体の密度が変化しないとして取り扱うことが多い．水も圧力で容積変化をするが，ほとんどの場合これを無視して取り扱う．このように容積変化（密度変化）を無視して取り扱う流体を「非圧縮性流体」という．もちろん密度変化を考慮して計算を行う場合もあり，この場合の流体を「圧縮性流体」という．

温度変化で流体の密度は変化する．この場合は熱移動を考慮する．水理学では温度による密度変化は普通は無視している．考慮すれば熱力学的取り扱いになる．

(3) 完全流体（Perfect Fluid）と実在流体（Real Fluid）

流体には粘性がある．粘性については2.7節で説明した．すべての流体は粘性を持つ．この粘性を考慮する流体を「実在流体」あるいは「粘性流体（Viscous Fluid）」という．それに対して粘性を無視して計算などをする流体を「完全流体」あるいは「非粘性流体（Nonviscous Fluid）」という．

【問題】

2.13 次の説明で，正しいものは○，正しくないものは×を文頭につけよ．
　　1　完全流体とは圧縮されない流体である．
　　2　温度で膨張する流体が圧縮性流体である．
　　3　一般には水は完全流体で非圧縮性流体と考えている．

2.8 流体の種類

流体の分類表

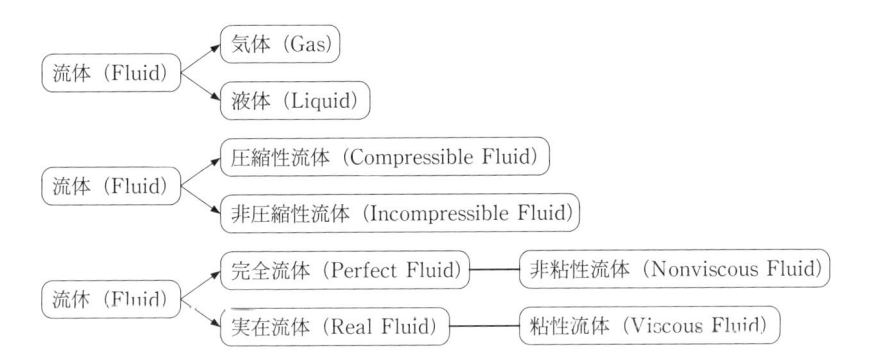

- 流体 (Fluid)
  - 気体 (Gas)
  - 液体 (Liquid)

- 流体 (Fluid)
  - 圧縮性流体 (Compressible Fluid)
  - 非圧縮性流体 (Incompressible Fluid)

- 流体 (Fluid)
  - 完全流体 (Perfect Fluid) ── 非粘性流体 (Nonviscous Fluid)
  - 実在流体 (Real Fluid) ── 粘性流体 (Viscous Fluid)

第3章

図形の性質

3.1 図形のN次モーメント

　図3.1に示すように，直交xy軸の座標の中に図形がある．ここでは正五角形を例に図を示したが，任意の図形である．

　図形のx軸に関するN次モーメント「JN_x」とは，図形の中の微小面積（図3.1の左の図では$b(y)\,dy$，右の図ではdA）にx軸からの距離yのN乗y^Nを掛けて図形全体にわたって積分した値である．すなわち，

$$JN_x = \int_{y_1}^{y_2} y^N b(y)\,dy = \int_A y^N\,dA \tag{3.1}$$

である．y軸に関するN次モーメント「JN_y」も同様に次式で定義される．

$$JN_y = \int_{x_1}^{x_2} x^N h(x)\,dx = \int_A x^N\,dA \tag{3.2}$$

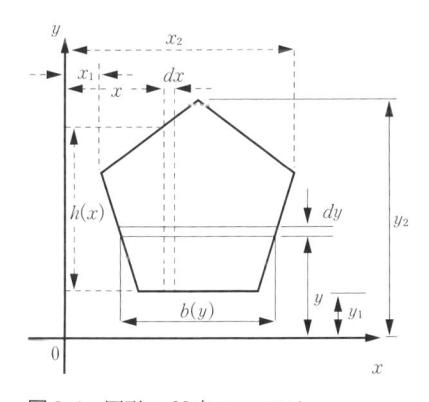

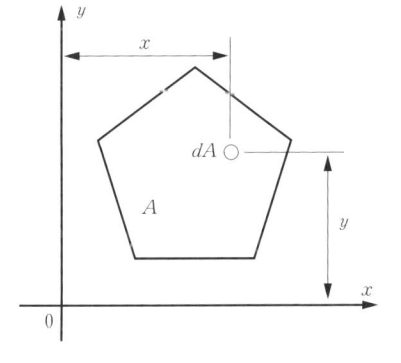

図3.1　図形のN次モーメント

N は一般には整数（…, -2, -1, 0, 1, 2, 3, …）であるが，ここでは，$N = 0$, 1, 2 について説明する．

3.2 図形の 0 モーメント

図形の 0 次モーメントという言葉はあまり使っていないが，前述の説明でわかるように次式で定義される．

$$J0_x = \int_{y_1}^{y_2} y^0 b(y)\,dy$$
$$= \int_{y_1}^{y_2} b(y)\,dy = A$$

または

$$J0_x = \int_A y^0\,dA = \int_A dA = A \tag{3.3}$$

これは図形の面積そのものである．

3.3 図形の 1 次モーメント

図形の 1 次モーメント，2 次モーメントは水理学よりも構造力学，材料力学などでよく使われる．水理学では平面に作用する静水圧（静止しているときの水の圧力など）の計算で使われる．

図形の 1 次モーメントがゼロ（0）になる軸の上に図心（centroid）がある．図心より重心（center of gravity）の方がわかりやすいという人もいる．重心を求めるときにどのようなことをしたかを考えることは，図形の 1 次モーメントと図心を理解するのに役立つが，図心と重心は別のものである．

x 軸に関する図形の 1 次モーメントは

$$G_x = J1_x = \int_{y_1}^{y_2} y b(y)\,dy = \int_A y\,dA \tag{3.4}$$

で計算される．x 軸に関する 1 次モーメントは G_x で表す．

【問題】
3.1 次の図形（図3.2）の x 軸に関する 1 次モーメントを計算せよ．

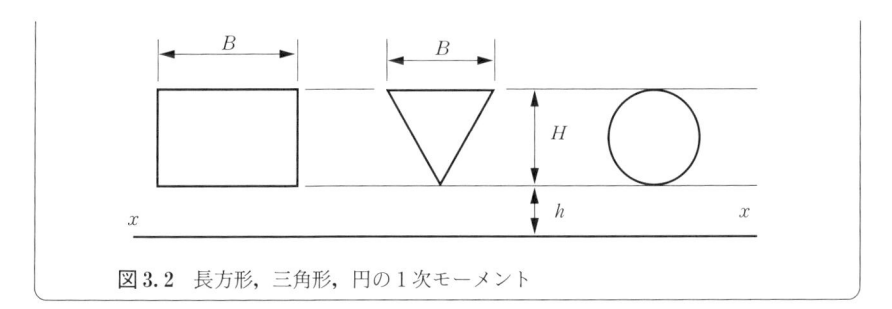

図 3.2 長方形, 三角形, 円の 1 次モーメント

3.4 図形の 1 次モーメントと図心

　図心を通る軸に関する図形の 1 次モーメントはゼロ（0）であることを前に説明した．図 3.3 に示すように，図心の座標値を (x_G, y_G) とすると，x 軸に平行で図心を通る軸に関する図形の 1 次モーメントは次のように計算されて，その値は 0 になる．

$$G_{x_0} = J1_{x_0} = \int_A (y - y_G)\,dA = 0$$

これを書き直すと

$$\int_A (y - y_G)\,dA = \int_A y\,dA - \int_A y_G\,dA$$
$$= G_x - y_G A = 0$$

となるから，図形の x 軸に関する 1 次モーメント G_x は次式により計算される．

$$G_x = A \cdot y_G$$

同様にして

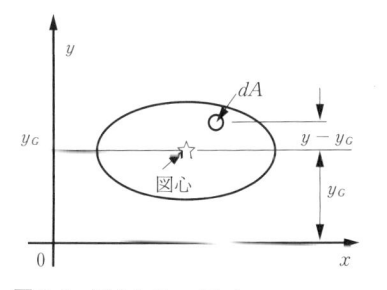

図 3.3 図心とモーメント

$$G_y = A \cdot x_G \tag{3.5}$$

この関係を用いると，図3.2の長方形，三角形，円の1次モーメントは積分しなくて求められる．

【問題】

3.2 図3.4の図形の x 軸に関する1次モーメント G_x と図心の座標値 y_G を計算せよ．

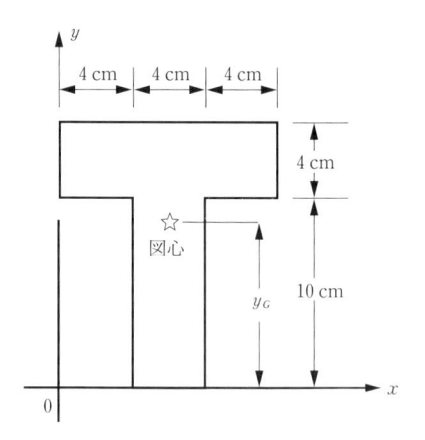

図 3.4　1次モーメントの計算問題

3.3 前問において y 軸に関する1次モーメント G_y を計算せよ．

3.4 図3.5の図A，Bの図心を求めよ．

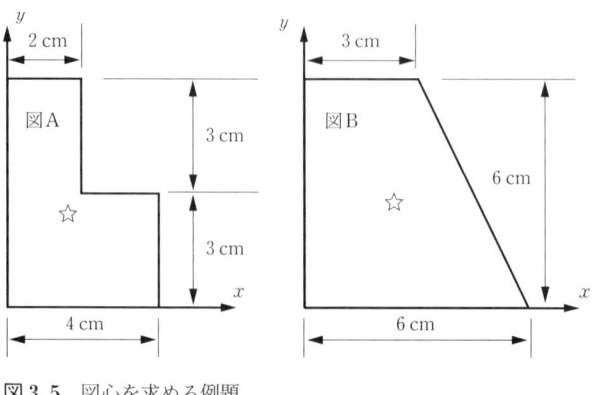

図 3.5　図心を求める例題

3.5 図形の2次モーメント

x 軸に関する図形の2次モーメントは

$$I_x = J2_x = \int_{y_1}^{y_2} y^2 b(y)\, dy = \int_A y^2\, dA \tag{3.6}$$

で計算される．x 軸に関する2次モーメントは一般に I_x で表す．

また，図心 (x_G, y_G) を通り x 軸に平行な軸に関する2次モーメントを I_{x_0} とすると

$$\begin{aligned}
I_{x_0} &= \int_A (y - y_G)^2\, dA \\
&= \int_A (y^2 - 2y_G y + y_G{}^2)\, dA \\
&= \int_A y^2\, dA - 2y_G \int_A y\, dA + y_G{}^2 A \\
&= I_x - 2y_G \cdot A \cdot y_G + y_G{}^2 A \\
&= I_x - A y_G{}^2
\end{aligned}$$

と計算されるので

$$I_x = I_{x_0} + A \cdot y_G{}^2 \tag{3.7}$$

となり，I_x は I_{x_0} より計算されるので，I_{x_0} の値を求めることが重要である．

【問題】

3.5 図3.6の「長方形」，「三角形」の I_{x_0} を計算せよ．

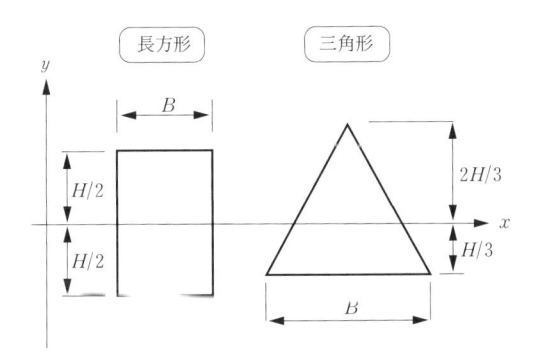

図 3.6　2次モーメントの計算例

3.6 図3.7の円の I_{x_0} を計算せよ．

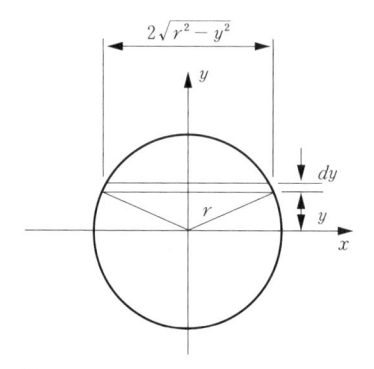

図3.7 円の2次モーメント

3.7 図3.8の半円の図心を通り x 軸に平行の軸のまわりの2次モーメント I_{x_0} を計算せよ．

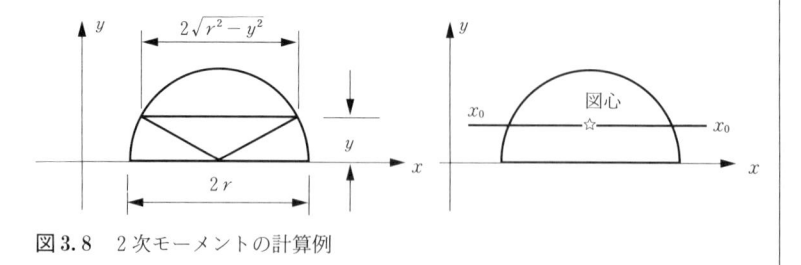

図3.8 2次モーメントの計算例

第4章

静水力学の基礎

4.1 静水圧 (Hydrostatic pressure) とは

静止した流体の中に任意の微小平面を取ると，その面を通して両側の流体が互いに押し合う力が存在する，これを「静水圧」いう．静水圧は単位面積あたりの力で計り，等方的で面の向きに関係しないスカラーである．

静止した水中には静水圧が働く，我々の住む地球では重力が働いており，そのために静水圧が働いているが，人工衛星などの地球以外の空間では別の静水圧が働いていることになる．

地球上の静水圧は，図4.1に示すように水面から下方に鉛直柱（高さ h，断面積 A）を考えて，この柱を図の右のように分離してみると，この柱は重力により下方に whA の力を作用させており，それを支えるための力も whA で

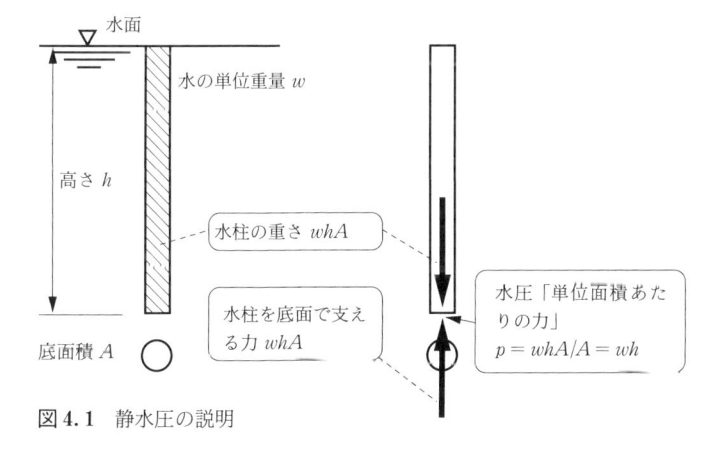

図 4.1 静水圧の説明

ある．これを単位面積あたりの圧力にしたものが静水圧 wh である．すなわち，静水圧 p は水面からの深さ h と水の単位重量 w により

$$p = wh \qquad (4.1)$$

で表される．

【問題】

4.1 図4.1の柱が図4.2のように，太さ（断面）が変わっている場合や傾斜している場合には「図4.1　静水圧の説明」はどのように説明したらよいか．

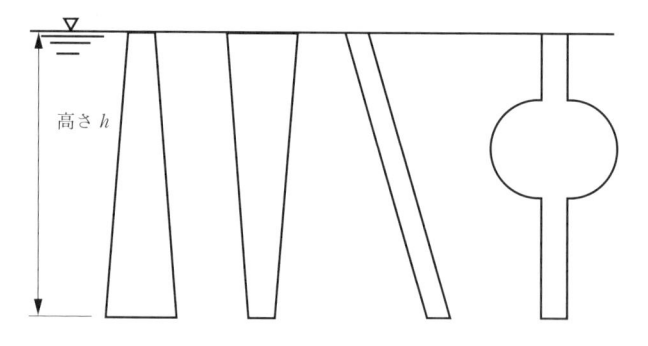

図 4.2　変断面柱と静水圧

4.2 次の文中の空欄 □ に正しい数値を記入せよ．
(1) 水面から300 m の深さの点での水圧は ① kgf/m², ② kgf/cm², ③ MPa である．
(2) 海中（海水の単位重量は $w = 1030\,\text{kgf/m}^3$）で圧力を測定したところ 2.500 atm（気圧）であった．海面からの深さは ④ m になる．

4.2　圧力の単位

圧力は先にも述べた通り「単位面積あたりの力」であり，向き方向がないスカラー量である．

圧力の次元は，

圧力 $p=$力 F／面積 A

であるから，

$$[p] = \frac{[F]}{[A]} = \frac{[F]}{[L^{-2}]} = [FL^{-2}] = [ML^{-1}T^{-2}] \qquad (4.2)$$

と表される．

したがって，単位は次のようになる．

  1 Pa（パスカル）$= 1\,\text{N/m}^2$

  $1\,\text{kgf/m}^2 = 9.80665\,\text{Pa}$

  $1\,\text{Pa} = 0.101972\,\text{kgf/m}^2$

  $1\,\text{bar} = 10^5\,\text{Pa}$

  $1\,\text{atm} = 1.01325 \times 10^5\,\text{Pa}$ atm は「気圧」

  $1\,\text{mmHg} = 1.33322 \times 10^2\,\text{Pa} = 13.5951\,\text{kgf/m}^2$

  $1\,\text{hPa} = 100\,\text{Pa} = 1\,\text{mbar}$

  hPa は「ヘクトパスカル」，mbar は「ミリバール」

等である．

 国際標準化機構（International Organization for Standardization：略称 ISO）では ISO 1000 で SI 単位を導入し，圧力の単位は Pa（パスカル）を用いることを推奨した．日本では1993年（平成5年）11月1日に新計量法を施行し，1999年（平成11年）9月30日まで猶予期間を設けて順次 SI 単位に移行してきた．したがって bar，atm，mmHg，kgf/m² や kgf/cm² は使い慣れた人が多いが，特別の場合以外はこれらを使わずに，SI 単位の N，Pa に移行すべきである．

 圧力は高真空および気象以外では大気圧をベースにして表す場合が多い．これをゲージ圧力（Gauge pressure）といい，大気圧との差で表す．真空を基準にして表すのを絶対圧力（Absolute pressure）という．

 代表的な国際標準大気として，1964年に国際民間航空機関（ICAO）が採用した「ICAO 標準大気」があり，

  地上の気圧気温の標準値は1013.25 hPa（15.0℃）

である．したがって，この標準に従えば

  ゲージ圧力の0点は絶対圧力では1013.25 hPa

である．

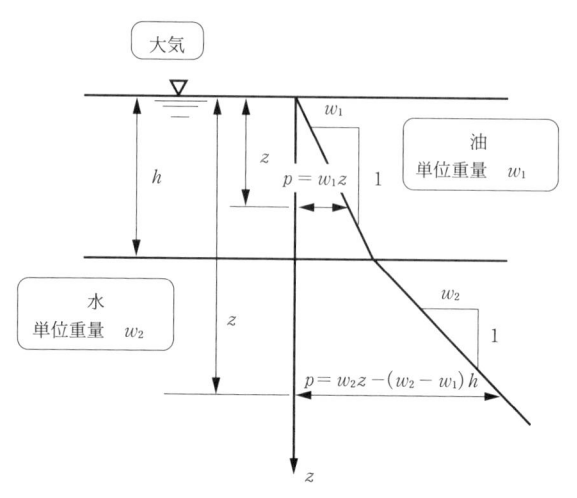

図4.3 2層の液体中の圧力分布

4.3　2層以上の液体中の圧力

図4.3は油（単位重量 w_1）の下側に水（単位重量 w_2）がある場合の静水圧分布を示している．

大気との接触面から鉛直下方に z 軸を取れば，上層の油の中では圧力 p は

$$p = w_1 z \tag{4.3}$$

その下の水の中（$z > h$）では

$$p = w_1 h + w_2(z - h) = w_2 z - (w_2 - w_1)h \tag{4.4}$$

となる．

【問題】

4.3　図4.4は，中央の隔壁で水面に流れ出した油の流出を防いでいる状態である．この中にガラス管を入れて，ガラス管の壁に無数の細穴を開けて外側と同じ状態に管内に水と油を入れる．ガラス管はあってもなくても関係ないはずである．この状態でガラス管の壁の無数の細穴を塞いで，ガラス管の中の油と水が漏れないようにしてから，管を大気中に出す．この状態がマノメータである．他のマノメータでこのようなことを試みよ．

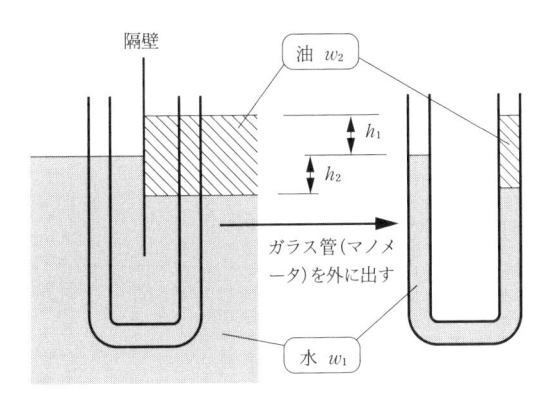

図 4.4 2 液の圧力分布とマノメータ

4.4 図4.5のように，円筒の下に平板の翼をつけて前問の油の流出防止をしようと思う．円筒を中心軸で固定して左右上下に移動しないように固定した場合，この円筒は水圧油圧により中心軸のまわりに回転するか．回転する場合は時計回りか．

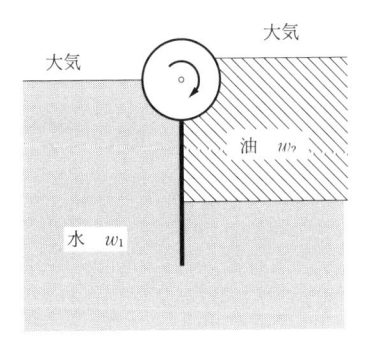

図 4.5 翼付円筒の回転

4.4 静水圧の一般表示

静止した液体の中の圧力は，場所 (x, y, z) の関数として与えられる．例えば，図4.6の重力の場における液体内の圧力は

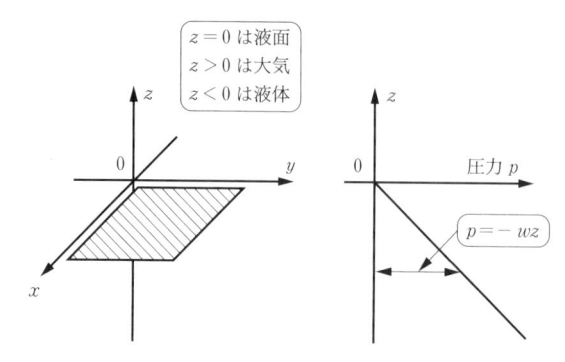

図4.6 重力の場における圧力 p

$z > 0$（大気中）　においては　$p = 0$
$z \leq 0$（液体中）　においては　$p = -wz$

と表せる．p は x, y に関係なく z のみの関数である．

　先にも述べたように，圧力は場所 (x, y, z) の関数でスカラー量である．静止した液体に働く力は「圧力」の他に重力のような「外力」，大気との境界に働く「表面張力」等がある．

　図4.7に示す直交座標系 (x, y, z) の任意の場所に微小直方体を図のように考えて，この微小直方体に働く力のつり合い方程式を作成する．

　図4.7の左の図では3次元空間を x, y, z 直交3軸の座標で表し，任意の場所に各軸と平行な面を持つ微小直方体 $dxdydz$ を示している．右の図は左の図を xy 平面に射影して2次元的に見たものである．この右の図の方がわかりやすいので，この図で説明する．

　この微小直方体に働く力は圧力（静水圧）と外力（質量力，物体力ともいう）である．圧力は先にも述べたように $p(x, y, z)$ と場所の関数である．時間で変わる場合は $p(t, x, y, z)$ というように時間 t も変数に加わるが，ここでは時間には関係しないとする．外力は質量に外力の加速度を掛けて求まる．まとめると次のようになる．

　　　圧力＝場所の関数 $p(x, y, z)$
　　　外力＝質量×外力の加速度

外力の加速度の代表的な例は，重力の加速度 g である．

　ここでは，圧力は $p(x, y, z)$ で表し，質量は密度 ρ と体積 $dxdydz$ の積で

4.4 静水圧の一般表示

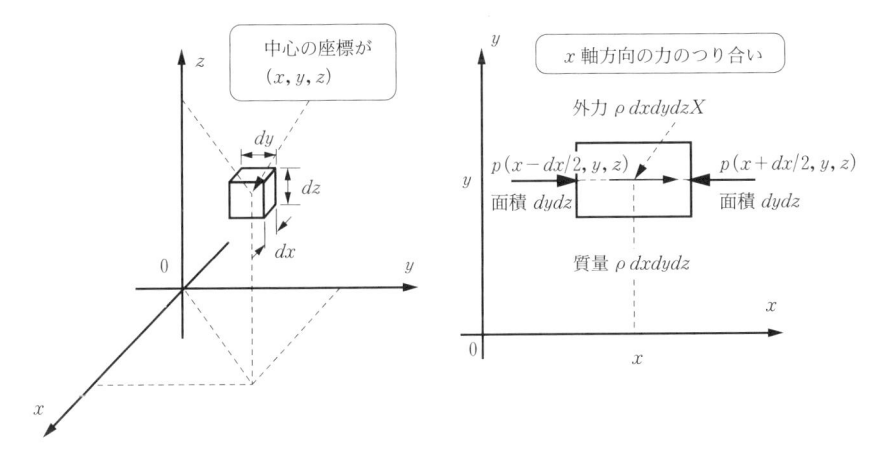

図4.7 静水中の力のつり合い

表され，外力の加速度の x，y，z 各軸方向成分を X，Y，Z で表すことにすると，図4.7の右の図に示したように，圧力の x 軸方向成分は

$$p\left(x-\frac{dx}{2}, y, z\right)dydz - p\left(x+\frac{dx}{2}, y, z\right)dydz = -\frac{\partial p}{\partial x}dxdydz$$

であり，外力の x 軸方向成分は

$$\rho\,dxdydzX$$

であるから，これ等の力のつり合いは

$$\rho\,dxdydzX - \frac{\partial p}{\partial x}dxdydz = 0$$

整理して

$$\frac{\partial p}{\partial x} = \rho X$$

同様に，y 軸方向，z 軸方向の力のつり合いを求めると

$$\frac{\partial p}{\partial y} = \rho Y \qquad \frac{\partial p}{\partial z} = \rho Z$$

となる．

したがって，圧力 p の全微分 dp を求めると

$$dp = \frac{\partial p}{\partial x}dx + \frac{\partial p}{\partial y}dy + \frac{\partial p}{\partial z}dz = \rho X dx + \rho Y dy + \rho Z dz \tag{4.5}$$

となる．

【問題】

4.5 重力の場では，$X=0$, $Y=0$, $Z=-g$である．圧力pを求めよ．

4.6 外力の加速度が$X=0.2g$, $Y=0.2g$, $Z=-g$のとき圧力pを求めよ．

4.7 外力の加速度が$X=\omega^2 x$, $Y=\omega^2 x$, $Z=-g$となる場合はどんな場合か，またそのときの圧力pを求めよ．

4.5 静水圧（Hydrostatic pressure）と水頭（Head）

エネルギ方程式は水の単位体積重量をw，圧力をpとすると，静水中では$z+\dfrac{p}{w}=$const. と書けて，zを高度水頭，$\dfrac{p}{w}$を圧力水頭と呼ぶ（5.3節参照）．静水中では高度水頭と圧力水頭の和が一定であることを意味している．この関係を利用して静水圧の分布を図4.8のように書くことができる．

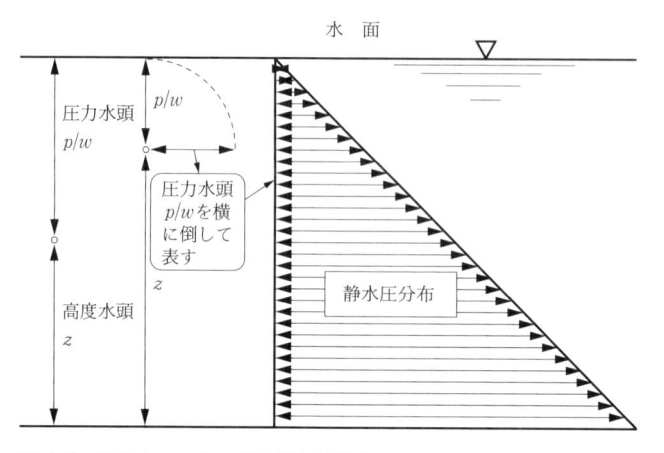

図4.8 静水中のエネルギと静水圧分布

【問題】

4.8 図4.9に示すように，水の上に油が乗った状態での静水中（水と油の両者）の比エネルギ（水頭）はどのようになるか．

図4.9 2層中での比エネルギ

4.6 マノメータ（Manometers）は端から計算

最近の学生はマノメータの計算ができない．圧力のわかっているところ（多くの場合マノメータの端である）から順序よく計算すればよい．図4.10の中で説明する．

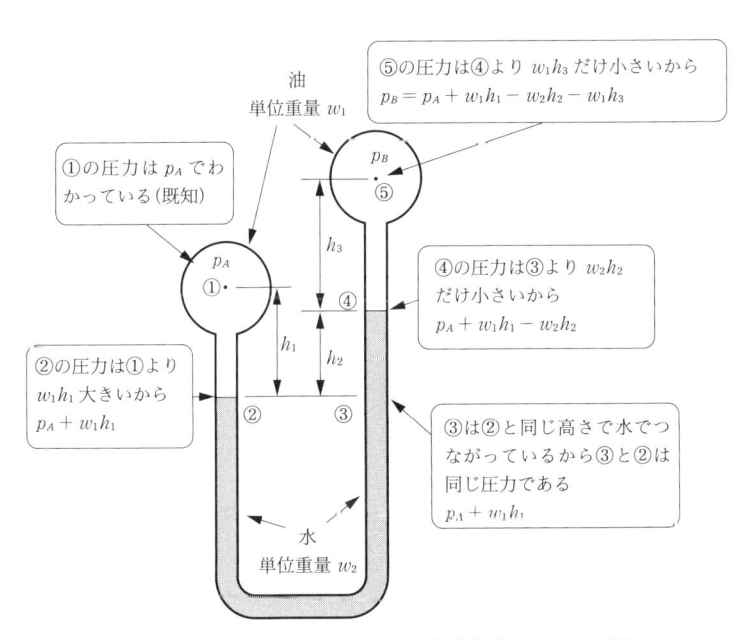

①の圧力は p_A でわかっている（既知）

②の圧力は①より w_1h_1 大きいから
$p_A + w_1h_1$

③は②と同じ高さで水でつながっているから③と②は同じ圧力である
$p_A + w_1h_1$

④の圧力は③より w_2h_2 だけ小さいから
$p_A + w_1h_1 - w_2h_2$

⑤の圧力は④より w_1h_3 だけ小さいから
$p_B = p_A + w_1h_1 - w_2h_2 - w_1h_3$

図4.10 マノメータの計算例（左上の①から②③④⑤の順序に計算）

【問題】

4.9 図4.11のような差動マノメータがある．圧力差 $p_1 - p_2$ を計算せよ．p_1 と p_2 の圧力の差を測定するマノメータである．これを差動マノメータという．

4.10 図4.12の水圧計（マノメータ）について次の各問に答えよ．
 (1) P点の圧力は何 Pa か
 (2) P点の圧力水頭は何 m か

4.11 図4.13に示す圧力計の圧力 p_1 を計算せよ．

4.12 図4.14に示す差動圧力計の圧力差 $p_1 - p_2$ を計算せよ．

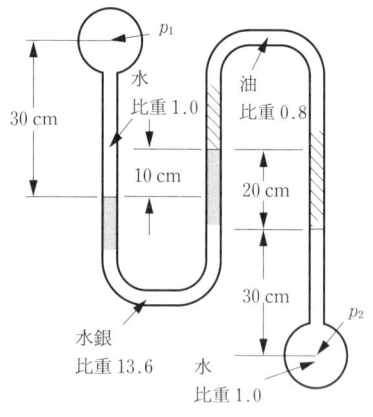

図 4.11 差動マノメータ練習問題

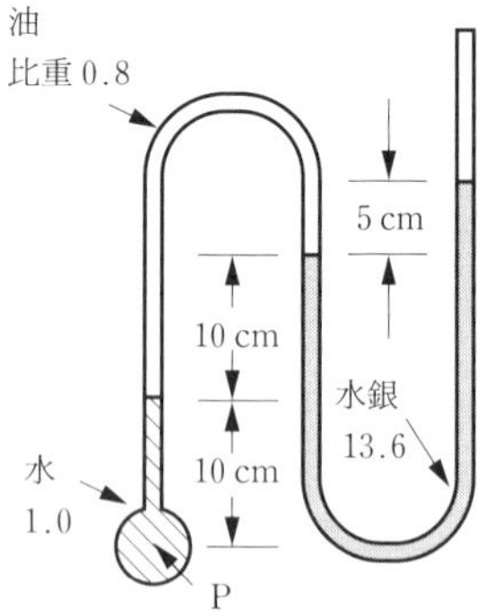

図 4.12 マノメータ練習問題

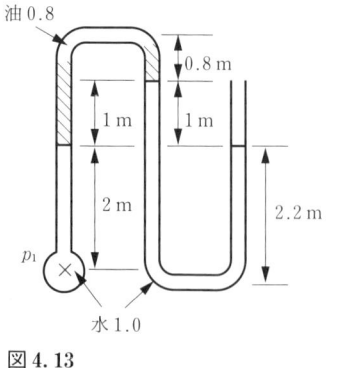

図 4.13

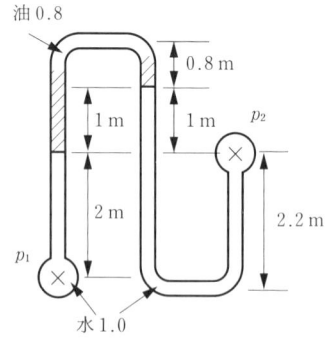

図 4.14

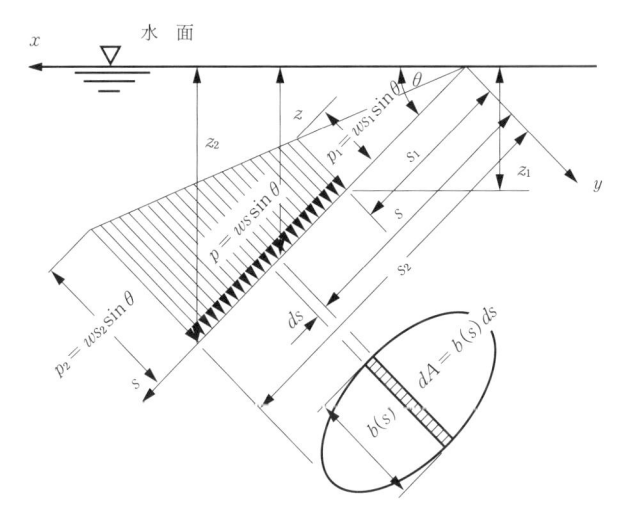

図 **4.15** 平面に働く静水圧の計算

4.7 平面に働く静水圧

図4.15に示すように，水中に水面と角度 θ で傾斜した平面が入っている場合を考える．この平面の上側に働く静水圧は，図4.15に示すように
① 静水圧 p は平面に垂直に働く．
② 静水圧の強さ p は水面からの深さを z とすると $p = wz$ である．ただし，w は水（液体）の単位重量である．
③ 水面から傾斜した平面にそって s 軸をとると，水面からの深さ z と s と間には
$$z = s\sin\theta$$
なる関係がある．
④ したがって，$s = s$ における水圧の強さは
$$p = ws\sin\theta$$
である．
⑤ 図4.15の微小面積 $dA = b(s)\,ds$ に働く圧力の大きさは $ws\sin\theta\,b(s)\,ds$ である．これを平面全体にわたって積分すると全水圧（水圧の合力）P となる．

$$P = w\sin\theta \int_{s_1}^{s_2} sb(s)\,ds = w\sin\theta \int_A s\,dA$$

⑥ この積分 $\int_A s\,dA$ は s 軸に直交する水面にある y 軸に関する平面の 1 次モーメント G_y である．

$$G_y = As_G \quad (第3章参照)$$

ただし，図4.17に示すように A は平面の面積，s_G は水面（y 軸）から s 軸に

$x,\ y$ 軸は水面，z 軸は鉛直下方

平面のある面にそって s 軸

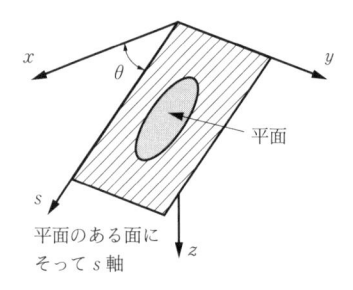

図 4.16 座標軸の説明

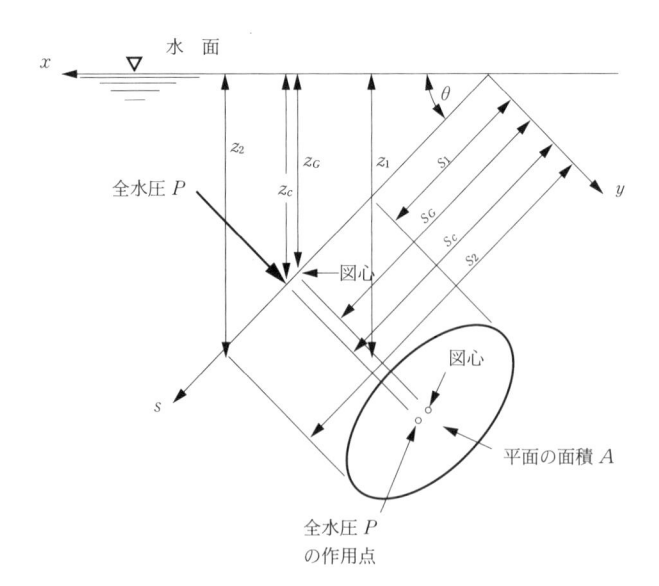

図 4.17 平面に働く静水圧を集中荷重に変えて全水圧 P とする

そって平面の図心までの距離である．

⑦　これらをまとめると，全水圧の大きさは
$$P = w\sin\theta\, G_y = w\sin\theta\, s_G A$$
$$= w z_G A \tag{4.6}$$
ただし，z_G は平面の図心の水深である．

平面に働く全水圧 P の値は平面の傾斜角に関係なく，平面の面積 A，平面の図心の深さ z_G，水（液体）の単位体積重量 w のみで計算できる．
$$P = w z_G A \tag{4.7}$$

次に，全水圧 P の作用点の位置 s_c を計算しよう．

⑧　平面に作用する静水圧は図4.15が実際の状態である．図4.17はこれを全水圧 P で置き換えた状態である．この両者が力学的に同じ効果を持つようにする．

⑨　図4.15では y 軸に関する力のモーメントは
$$M_y = \int_A (ws\sin\theta)\, s\, dA$$
$$= w\sin\theta \int_A s^2\, dA$$
$$= w\sin\theta\, I_y$$

I_y は平面の y 軸に関する2次モーメントであって，先に第3章で説明したとおり，$I_y = I_{y_0} + A s_G{}^2$ であるから
$$M_y = w\sin\theta\,(I_{y_0} + A s_G{}^2)$$
となる．

⑩　次に図4.17の状態で y 軸に関する力のモーメントを求めると
$$M_y = P s_c = w z_G A s_c$$
$$= w s_G \sin\theta\, A s_c$$
となる．

⑪　⑨，⑩で計算した力のモーメントは等しくなければならない．すなわち
$$w\sin\theta\,(I_{y_0} + A s_G{}^2) = w\sin\theta\, s_G A s_c$$
この関係から，全水圧 P の作用点の位置 s_c が次のように求まる．
$$s_c = s_G + \frac{I_{y_0}}{A s_G} \tag{4.8}$$

【問題】

4.13 全水圧 P の作用点は平面の傾斜角 θ に関係するか．

4.14 全水圧の作用点の深さ z_c を $z_c = s_c \sin\theta$ の関係を用いて計算すると

$$z_c = z_G + \frac{I_{y_0}}{A z_G} \sin^2\theta$$

となるか．

4.15 図4.18のように平板が鉛直に水中に設置されている．次の各問に答えよ．
  (1) 全水圧の大きさ P を計算せよ．
  (2) 全水圧 P の作用点の位置 z_c を計算せよ．

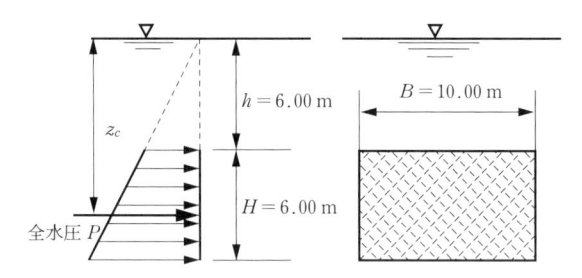

図4.18 鉛直な平面に働く静水圧の計算問題

4.16 図4.19のように「傾斜した平面」と「鉛直な平面」からなる「壁面」の左側に水が貯まっている．この壁面を一体として「壁面全体」に働く静水圧について次の各問に答えよ．

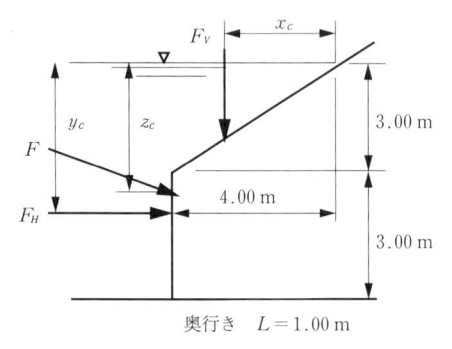

図4.19 鉛直な平面と傾斜した平面の静水圧

(1) 全水圧の水平方向成分 F_H とその作用点の深さ y_c の値を求めよ．
(2) 全水圧の鉛直方向成分 F_V とその作用点の位置 x_c の値を求めよ．
(3) 全水圧 F とその作用点の深さ z_c の値を求めよ．

4.17 図4.20のような直径 $D = 1.00$ m の鉛直な円形の平板に作用する水平方向の静水圧について，次の各問に答えよ．
(1) 全水圧 P の大きさを計算せよ．
(2) 全水圧 P の作用点 z_c の値を計算せよ．

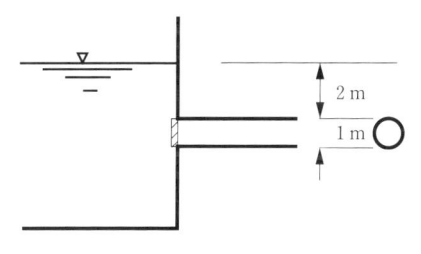

図4.20 円形の平面に働く静水圧

4.8 曲面に働く静水圧

水中にある曲面に働く静水圧について，「水面上に x, y 軸，鉛直下方に z 軸を取った直交座標系」を用いて説明すると，

① 曲面に働く静水圧を x, y, z の3軸方向に分解して計算する．
② x 軸方向成分 P_x は曲面の x 方向射影面（yz 面に射影される鉛直な平面）に働く静水圧として計算する．

すなわち，yz 面に射影される鉛直の平面の面積を A_x とし，この平面 A_x の図心までの深さを z_{x_G} とすると

$$P_x = w z_{x_G} A_x \tag{4.9}$$

作用点 z_{x_C} は，この平面 A_x の図心を通る水平軸のまわりの2次モーメントを I_{xy_0} とすると

$$z_{x_C} = z_{x_G} + \frac{I_{xy_0}}{A_x z_{x_G}} \tag{4.10}$$

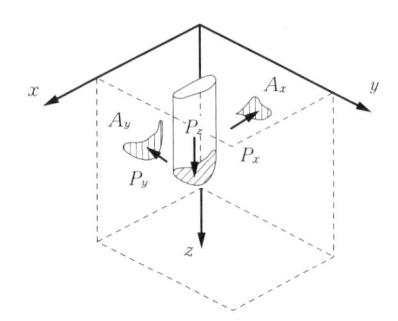

図 4.21 曲面に働く静水圧

となる．

③ y 軸方向成分 P_y は，曲面の y 方向射影面（xz 面に射影される鉛直な面）に働く静水圧として計算する．

すなわち，xz 面に射影される鉛直の平面の面積を A_y とし，この平面 A_y の図心までの深さを z_{y_G} とすると

$$P_y = w z_{y_G} A_y \tag{4.11}$$

作用点 z_{y_C} は，この平面 A_y の図心を通る水平軸のまわりの2次モーメントを I_{yx_0} とすると

$$z_{y_C} = z_{y_G} + \frac{I_{yx_0}}{A_y z_{y_G}} \tag{4.12}$$

となる．

④ z 軸方向成分 P_z は，曲面を底面とする鉛直な柱の重量を W とすると

$$P_z = W \tag{4.13}$$

作用点はこの柱の重心である．

【問題】

4.18 図4.22に示すように，直径 $D = 4.00$ m，長さ $L = 5.00$ m の円柱の左側に水深 $H = 3.00$ m で貯水している．次の諸量を計算せよ．

(1) 円柱に働く全水圧の水平方向成分 P_H

(2) P_H の作用点の水面からの距離 z_C

(3) 円柱に働く全水圧の鉛直方向成分 P_V

(4) P_V の作用点の円柱中心からの距離 x_C

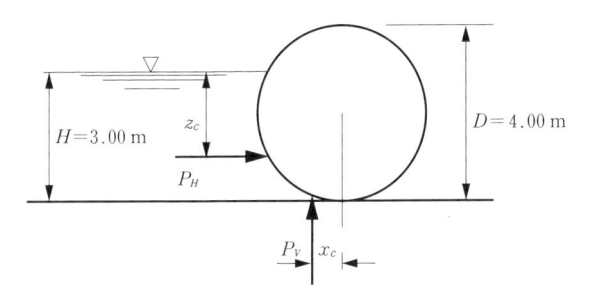

図 **4.22** 円柱に作用する静水圧の問題

4.19 図4.23のように直径 $\phi d = 3.00$ m，長さ $L = 5.00$ m の円筒の左側に貯水されている．水深は $H = 3.00$ m である．また，円筒の右側は空気であるが，円筒は固定されていて動くことはない．次の諸量を計算せよ．

(1) 円筒に働く全水圧の水平方向成分 P_H
(2) P_H の作用点の水面からの距離 y_c
(3) 円筒に働く全水圧の鉛直方向成分 P_V
(4) P_V の作用点の円筒中心からの距離 x_c

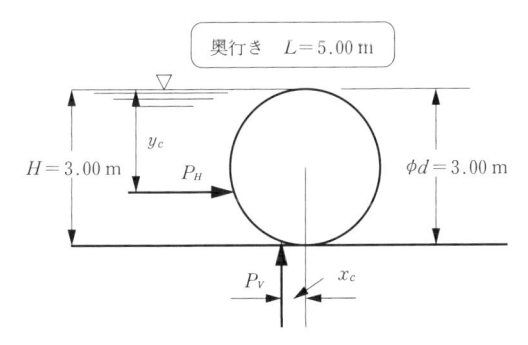

図 **4.23** 円筒に働く静水圧

4.20 図4.24のような円筒（半径 R，長さ L）の前面に，水深 $H = R$ の水（単位重量 w）が貯水している．
(1) 全水圧の水平方向成分 P_H の計算式を導け．
(2) 全水圧の鉛直方向成分 P_V の計算式を導け．
(3) P_H の作用点の水面からの距離 y_c の計算式を導け．
(4) P_V の作用点の円筒中心からの距離 x_c の計算式を導け．

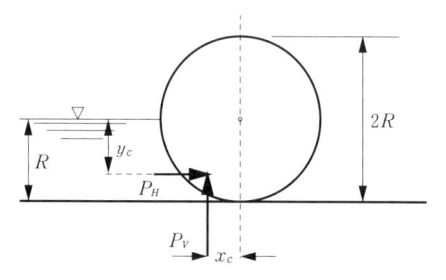

図 4.24 円筒に働く静水圧

4.21 図4.25に示すように，円筒の下側に平板が固定された浮体がある．浮体は水面に浮かんでいるが，右側の水面には図のように油が浮かんでいる．油は前後に移動して左側に漏れることはないものとする．水の単位体積重量は w_1，油の単位体積重量は w_2 で，当然 $w_1 > w_2$ である．また，円筒の半径は R，長さは L で L は十分大きい，左側の水面の位置を示す h_1 は $h_1 < 2R$ で，油の厚さ h_3 は平板にかかるように $h_3 + h_2 > 2R$ である．次の各問に答えよ．

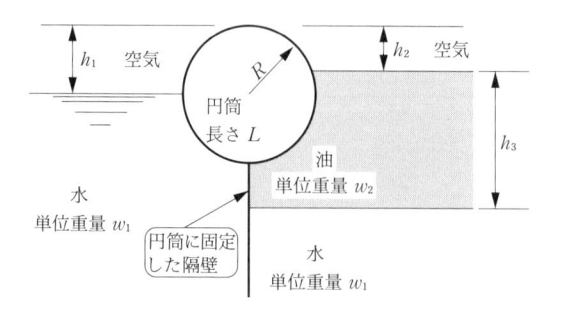

図 4.25 円筒の下に平板が固定した浮体
（水は左右に連続し，油が右の水面に浮かぶ）

(1) 水面と油面との高低差 ($h_1 - h_2$) を w_1, w_2, h_3 で表せ．
(2) 油圧水圧を考慮して，この浮体に働く静水圧の水平方向成分を計算せよ．
(3) この浮体に働く静水圧の鉛直方向成分，すなわち浮力を計算せよ．
(4) 円筒の中心軸のまわりにこの浮体が回転できる場合は，どちらの向きに回転するか．

第5章

エネルギと比エネルギ・水頭

5.1 仕事（Work）

物体が外力 $F(s)$ を受けて位置 s_1 から s_2 まで移動したとき

$$W = \int_{s_1}^{s_2} F(s)\,ds$$

なるスカラー量 W を，力 F が物体に対してした仕事という．

このような説明は最近の学生にはわかりにくいので，もう少しわかりやすく説明しよう．ある物体を力 F で距離 L 移動させた．このときした仕事 W が

$$W = FL$$

である．

具体的にある物体を力 $F = 1\,\mathrm{N}$（ニュートン）で距離 $L = 1\,\mathrm{m}$ 移動させたときの仕事を

$$W = FL = 1\,\mathrm{N} \times 1\,\mathrm{m} = 1\,\mathrm{Nm} = 1\,\mathrm{J}\,（ジュール）$$

$1\,\mathrm{Nm}$ を $1\,\mathrm{J}$（ジュール）という．

【問題】

5.1 地球上で，質量 $65\,\mathrm{kg}$ の物体を高さ $3\,\mathrm{m}$ 持ち上げるのに必要な仕事はいくらになるか．

5.2 地球上で，質量 $50\,\mathrm{kg}$ の物体を落下させて $1000\,\mathrm{J}$ の仕事をさせたい．落下高をいくらにすればよいか．

5.2 仕事率 (Power facter, 工率, 動力)

質量 $M = 1.00$ kg の物体は，地球上ではその重量が $F = 1.00$ kgf ($= 9.80665$ N) である．この物体を1.00 m鉛直上方に持ち上げる仕事は9.80665 Jである．ところがこの仕事を1時間で行うか1分で行うか，1秒で行うかでその能率が非常に違うことが理解できる．

その仕事 W を時間 T で行ったとき，単位時間あたりの仕事は W/T である．これを仕事率という．

$$仕事率 = \frac{仕事}{その仕事をした時間}$$

1秒間 (sec) に1 Jの仕事を行うとき，その仕事率を1 W (ワット) という．すなわち，

$$1\,\text{W (ワット)} = \frac{1\,\text{J (ジュール)}}{1\,\text{s (秒)}}$$

である．

【問題】
5.3 地球上で，質量65 kgの物体を2秒間で3 m持ち上げた．仕事率を計算せよ．
5.4 流量 $Q = 100$ m³/s の水が200 m上方から連続して落下する場合の仕事率はいくらになるか．ただし，いろいろの損失はないものとする．

5.3 エネルギ (Energy)

エネルギは仕事をする能力である．例えば10 mの高さに100 Nの物体があれば，その物体は10 m × 100 N = 1000 Jの仕事をする能力がある．これを位置のエネルギという．

(1) 位置のエネルギ (Elevation Energy, Potential Energy)

図5.1に示すように基準面から高さ z に質量 M の物体があると，その物体

5.3 エネルギ (Energy) ── 53

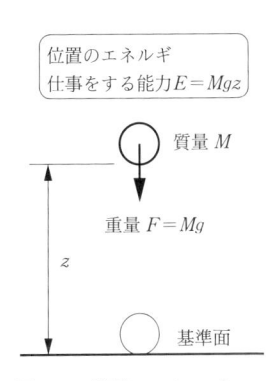

図5.1 位置のエネルギ

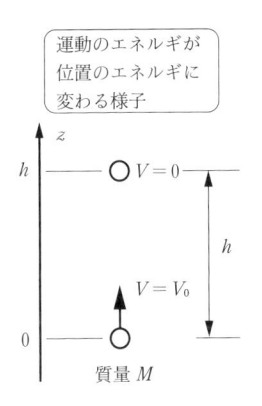

図5.2 運動のエネルギ

は重力により $F=Mg$ の力で下方に引っ張られている．そのために基準面に対して $Fz=Mgz$ の仕事をする能力を持つ，これを位置のエネルギといい，その値は Mgz である．

(2) 運動のエネルギ (Kinematic Energy)

図5.2に示すように，時刻 $t=0$ に場所 $z=0$，速度 $V=V_0$ で鉛直上向きに運動している質量 M の物体の運動エネルギを，位置のエネルギとの関係で説明しよう．

時間の経過とともにこの物体は上昇し速度は減少し，ついに時刻 $t=t_0$ で速度が $V=0$ になる，そのときの高さを $z=h$ とすると，運動エネルギは0になり位置のエネルギが Mgh となったことになる．

この物体に働く力は，z 軸方向に働く重力の $-Mg$ のみであるとする．抵抗力はここでは無視する．

力はつり合わないので加速度運動になり，次の運動方程式が得られる．

$$M\frac{d^2z}{dt^2}=-Mg \quad \text{すなわち} \quad \frac{d^2z}{dt^2}=-g$$

この微分方程式を，初期条件として，$t=0$ のとき速度が $V=\frac{dz}{dt}=V_0$，高さ（場所）が $z=0$ とし，速度が $V=0$ となるときの高さを $z=h$ として解くと，

$$h=\frac{V_0^2}{2g}$$

となる．これを位置のエネルギに換算すると

$$Mgh = Mg\frac{V_0^2}{2g} = \frac{1}{2}MV_0^2$$

となり，運動エネルギが $\frac{1}{2}MV_0^2$ と表される．

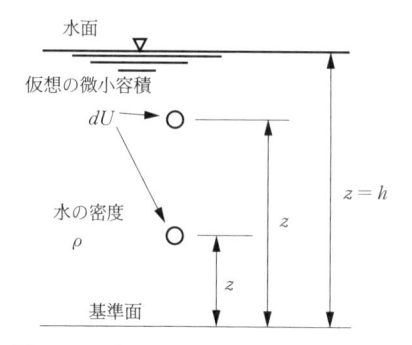

(3) 圧力のエネルギ (Pressure Energy)

図5.3に示すように，静水中では位置のエネルギが大きいところ，すなわち水面に近いところほど水圧は小さい．反対に位置のエネルギが小さくなると水圧が大きくなる．水中に仮想上の微小容積 dU を考え，水の密度を ρ，重力の加速度を g とし，基準面からの高さを z とすると，この微小容積の位置のエネルギは $\rho dU gz$ である．また，圧力のエネルギは，圧力を p とすると pdU である．

圧力のエネルギは，その圧力で仮想微小容積 dU を水面まで持ち上げるエネルギを持つことである．圧力のエネルギは後に示す問題を解くと理解される．

図5.3 圧力のエネルギ

(4) 比エネルギ (Specific Energy)

以上のように水理学で一般に使われているエネルギは

　　　位置のエネルギ：Mgz

　　　運動のエネルギ：$\frac{1}{2}MV^2$

$$\text{圧力のエネルギ}：pdU = p\frac{M}{\rho}$$

である．

このエネルギをその物体の重量 Mg で割って「単位重量あたりのエネルギ」にしたものが「比エネルギ」である．すなわち

位置の比エネルギ：z

運動の比エネルギ：$\dfrac{V^2}{2g}$

圧力の比エネルギ：$\dfrac{p}{\rho g}$

となる．

これらはそれぞれ，高度水頭（Elevation Head）z，速度水頭（Velocity Head）$\dfrac{V^2}{2g}$，圧力水頭（Pressure Head）$\dfrac{p}{\rho g}$ とも呼ばれている．

【問題】

5.5 重力の場で質量 $M = 75\,\mathrm{kg}$ の物体が，基準面より $z = 5.00\,\mathrm{m}$ 高いところにある場合，位置のエネルギはいくらになるか．

5.6 質量 M の物体が速度 V_0 で運動している．この物体に図5.4に示すような一定の力 F が，物体の運動方向と逆向きに働いて物体を静止させた．力 F が働き始めたときの位置が $x = x_0$，物体が静止した

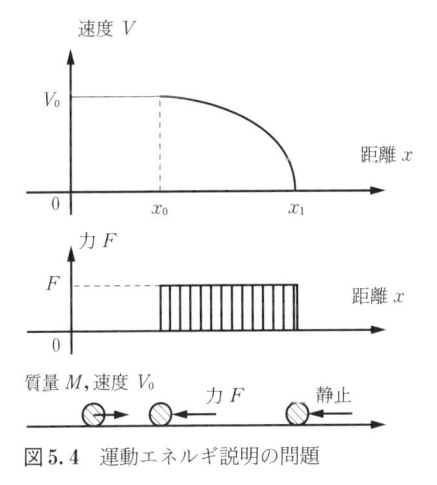

図5.4 運動エネルギ説明の問題

ときの位置が $x = x_1$ であるとすると，この力がした仕事が $F(x_1 - x_0)$ である．最初にこの物体が速度 V_0 で運動していたため，静止するまでにこれだけの仕事をしたことになる．これを，この物体の持っていた運動エネルギという．以下の問に答えよ．

(1) 運動方程式を導け．
(2) 時間 $t = 0$ のとき，速度 V_0，距離（場所）$x = x_0$ として，時刻 $t = t$ のときの速度 V と距離 x を求めよ．
(3) 速度が $V = 0$ となる時間 $t = t_1$，距離 x_1 を求めよ．
(4) 仕事 $F(x_1 - x_0)$ が運動エネルギに相当する．その値を求めよ．

5.7 図5.5に示す静水中で，容積が U の物体が鉛直方向に①から②に h 移動するとき，次の各問に答えよ．ただし，水の密度を ρ，重力の加速度を g とする．

(1) 浮力 B を求めよ．
(2) ①から②に浮力に逆らって押し下げるときの仕事を求めよ．ただし，①②間の鉛直距離は h である．
(3) ①②点間の圧力差 $p_1 - p_2$ を求めよ．
(4) (2)で求めた仕事は「圧力のエネルギ」に相当し，$(p_2 - p_1)U$ になることを示せ．
(5) 水面を基準にとると，①，②各点での圧力エネルギは $p_1 U$，$p_2 U$ となることを示せ．
(6) M を質量，ρ を密度，U を体積とすると，$U = M/\rho$ であるから，「圧力のエネルギ」は $\dfrac{M}{\rho} p$ となることを示せ．

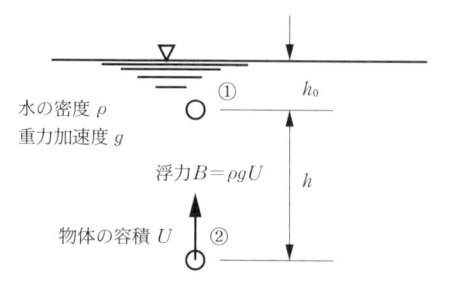

図5.5 圧力のエネルギ

(7) 次の表の空欄を埋めよ

図5.5の場所	位置のエネルギ	圧力のエネルギ	合計
水面	ア	0	ア
①	イ	ウ	ア
②	0	ア	ア

5.8 エネルギ E, 比エネルギ s, 水頭 h の次元を [FLT] 次元系と [MLT] 次元系で示せ．

5.4 エネルギ保存則 (Conservation of energy)

先に，エネルギには「位置のエネルギ」，「運動のエネルギ」，「圧力のエネルギ」があることを説明した．これらは「力学的エネルギ」という．このほかに「熱エネルギ」，「内部エネルギ」，「電気エネルギ」などがある．ある物体の持っているすべての種類のエネルギの総和は，外部とのエネルギのやりとりがない限り一定である．これを一般に「エネルギ保存の法則」という．

ここでは，力学的エネルギのみについてエネルギ保存則が成立している場合を考える．ある物体の質量を M, 高さを z, 速度（流速）を V, 圧力を p, 密度を ρ, 重力の加速度を g で表すと，前節で説明した位置のエネルギ Mgz, 運動エネルギ $\frac{1}{2}MV^2$, 圧力のエネルギ $\frac{Mp}{\rho}$ の3エネルギの和が一定であることにより，

$$Mg\left(z+\frac{V^2}{2g}+\frac{p}{\rho g}\right)=\text{const.} \quad \text{すなわち} \quad z+\frac{V^2}{2g}+\frac{p}{\rho g}=\text{const.} \tag{5.1}$$

なる公式が得られる．これを「ベルヌーイの式 (Bernoulli Equation)」という．
〔注意〕
このベルヌーイの式はいつでも成り立つとは限らない．例えばバケツに水を入れて回転してできる水の流れでは，バケツの中心側と壁側とで成立しない（図5.6）．なぜか．

成り立つための条件は

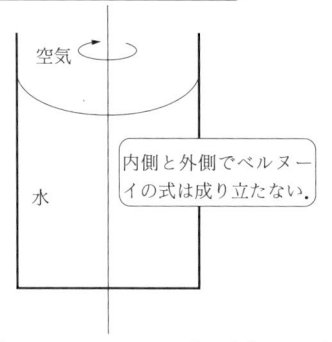

図 5.6 ベルヌーイの式が成立しない例

① 完全流体（非粘性流体）で非圧縮性流体であること．
② 重力の場であること．
③ 一流線上であるか，流れが渦なし流れ（ポテンシャル流れ）であること．
④ 流れは定常流（時間で変わらない流れ）であること．

が全部満足されていなければならない．

水（流体）が流れていない場合には運動エネルギはなく，式 (2.6) は次のようになる．

$$z + \frac{p}{\rho g} = \text{const.} \tag{5.2}$$

【問題】

5.9 ある物体の質量が $M = 72.0\,\text{kg}$，密度が $\rho = 1000\,\text{kg/m}^3$，高さが $z = 20.0\,\text{m}$，速度が $V = 10.0\,\text{m/s}$，圧力が $p = 1300\,\text{hPa}$（ヘクトパスカル）のとき，位置のエネルギ，運動のエネルギ，圧力のエネルギを計算せよ．

5.10 前問の位置の水頭，速度水頭，圧力水頭を計算せよ．

第6章

浮体の安定

6.1 アルキメデスの原理（Archimedes' principle）

　重力の場では静止した液体中には「静水圧」が働く．静水圧は位置のエネルギが減少した分だけ圧力のエネルギに置き換わるために生ずる．重力の場の静止した液体中に物体を入れると，液面に近い上層より液面から遠い下層の方が圧力が大きい．そのため物体を上に持ち上げる浮力が働く．

　「アレキメデスの原理」は「重力のもとで静止した流体中に置かれた物体は，そのおしのけた流体の重さに等しい浮力を受けて軽くなる」という原理である．

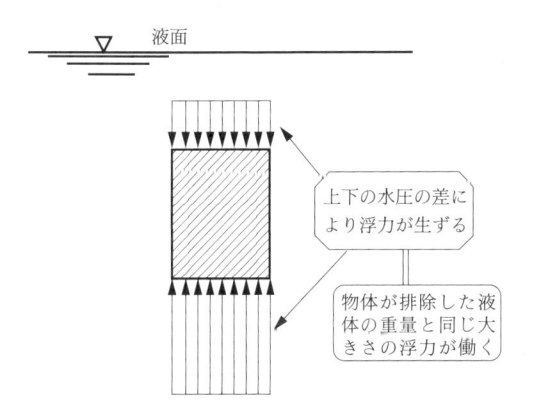

図 6.1　浮力は上下の圧力差により生ずる

【問題】

6.1 図6.2に示すように,半径 R で奥行き L の円筒の左側に水深 $\frac{3}{2}R$,右側に水深 $\frac{1}{2}R$ の水が貯水している.この円筒に働く浮力を計算せよ.ただし,水の単位重量を w とする.

6.2 図6.3に示すように,半径 R で奥行き L の円筒の左側に水,右側に油が貯まっている.水深が $\frac{3}{2}R$,油深が $\frac{1}{2}R$ で,水の単位重量が w_1,油の単位重量が w_2 であるとして,円筒に働く浮力を計算せよ.

6.2 浮心 (Center of Buoyancy),重心 (Center of Gravity)

液体よりも軽い物体は液面に浮かぶ.このように液面に浮かぶ物体を浮体 (Floating Body) という.

浮体の重心 (Center of Gravity) に重力 (浮体の重さ) が働き,排水 (液) 容積の中心に浮力が働く.この浮力が働く中心を浮心 (Center of Buoyancy) という (図6.4).

6.3 重心が浮心より下にあれば浮体は安定

図6.5に示すように,浮心 C が重心 G より上にある場合は,浮体が少々傾いても図のように元へ戻ろうとする力が働く.この力のモーメントを復元力という.このように元へ戻ろうとする場合「浮体は安定である」という.

6.4 重心が浮心より上にあっても浮体は安定の場合がある

図6.6に示すように重心が浮心より上にあっても,浮力と重力で作られる「力のモーメント」が浮体を元に戻そうとする場合がある.

6.4 重心が浮心より上にあっても浮体は安定の場合がある —— 61

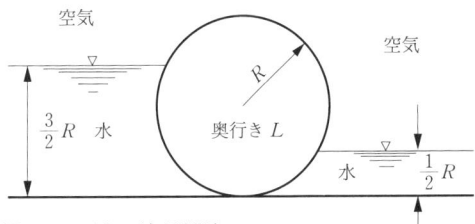

図 6.2 浮力の練習問題

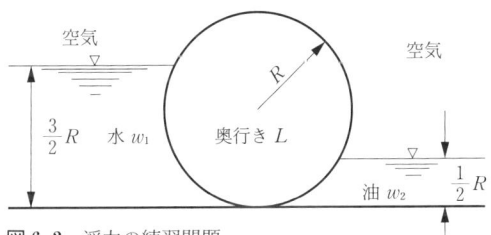

図 6.3 浮力の練習問題

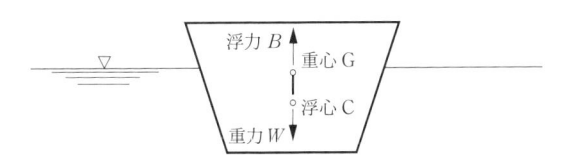

図 6.4 浮心（浮力）と重心（重力）

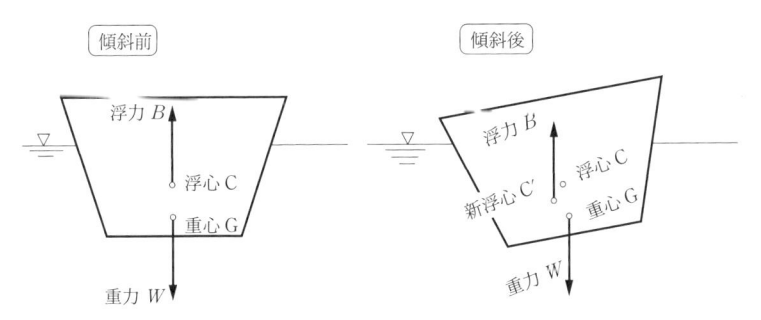

図 6.5 浮心より重心が下にある場合は安定

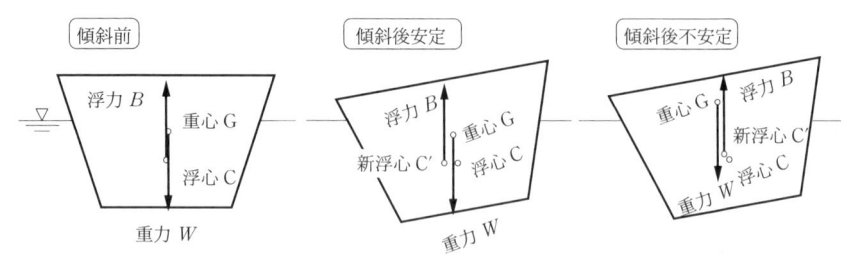

図6.6 浮心より重心が上にある場合

6.5 傾心（Metacenter）

図6.7に示すように浮体が左右対象の場合，対称軸（中心線）の上に重心G，浮心Cがある．浮体が傾斜すると，浮心は移動して新浮心C'になる．傾斜後の浮力の作用線と先の対称軸（中心線）との交点を「傾心」という．

傾心Mと重心Gの間の距離を傾心高（Metacenter Height）といい，$\overline{\mathrm{GM}} = h$ と表し，傾心Mが重心Gより上にある場合 $h > 0$ と定義する．$h > 0$ の場合は浮体は安定である．

6.6 直方体の浮体の傾心高の求め方

図6.8のような左右対称な直方体の浮体の傾心高 h を計算する．

① 直方体の幅は B，高さは H，長さは L，喫水深は H_0 である．

② 浮体の材料は均一で，重心Gと浮心Cの距離は $a = \frac{1}{2}(H - H_0)$ である．

③ 浮体を図6.9のように角 θ 傾斜させた場合，左側の $\triangle \mathrm{OA_2A_1}$ は水中に入り，右側の $\triangle \mathrm{OB_2B_1}$ は水中から出る．このため浮力の中心である浮心が移動する．

④ 上記の $\triangle \mathrm{OA_2A_1}$ および $\triangle \mathrm{OB_2B_1}$ の面積は共に $\frac{B^2}{8}\tan\theta$ であり，図心までの中心軸からの距離は $B/3$ である．

一方，長方形 $\mathrm{A_1C_1C_2B_1}$ および台形 $\mathrm{A_2C_1C_2B_2}$ の面積は共に BH_0 である．

6.6 直方体の浮体の傾心高の求め方

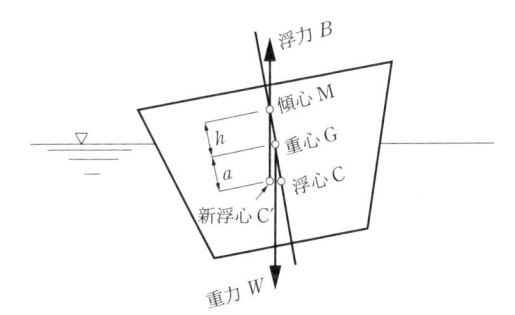

図 6.7 傾心の定義

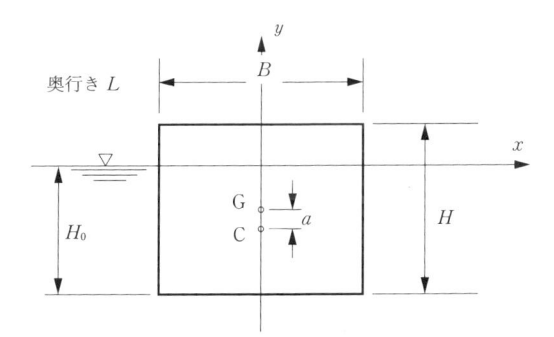

図 6.8 直方体の浮体（G：重心，C：浮心）

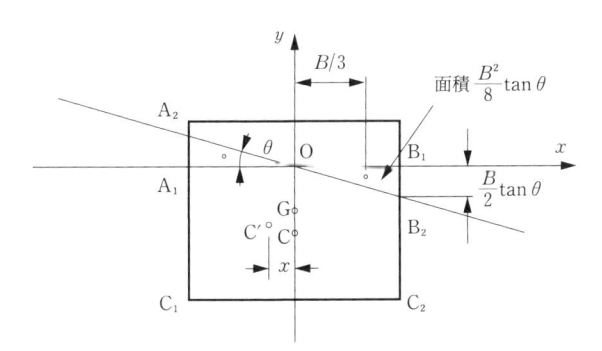

図 6.9 浮心の x 方向の移動量

角 θ 傾斜した後の水中部分である台形 $A_2C_1C_2B_2$ の y 軸まわりの 1 時モーメントを計算すると

$$BH_0 x = \frac{B^2}{8}\tan\theta \times \frac{1}{3}B - \left(-\frac{B^2}{8}\tan\theta \times \frac{1}{3}B\right) = \frac{B^3}{12}\tan\theta$$

となり，これより浮心の x 軸方向の移動量が $x = \dfrac{B^2}{12H_0}\tan\theta$ と計算される．

⑤ 傾斜前の浮心 C を通る x 軸と平行な軸のまわりの 1 次モーメントを計算することにより，浮心の y 軸方向の移動量 y を同様に計算できる (図6.10)．

$$BH_0 y = \frac{B^2}{8}\tan\theta\left(\frac{1}{2}H_0 + \frac{1}{6}B\tan\theta - \left(\frac{1}{2}H_0 - \frac{1}{6}B\tan\theta\right)\right) = \frac{B^3}{24}\tan^2\theta$$

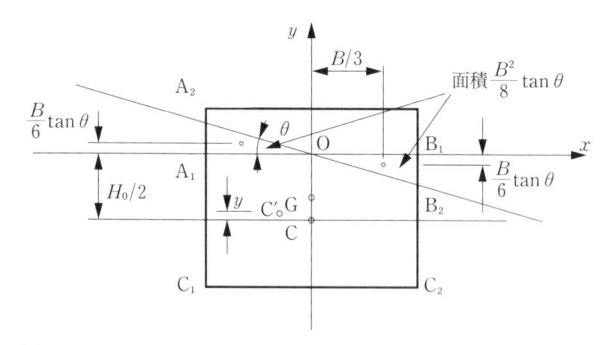

図 6.10 浮心の y 方向の移動量

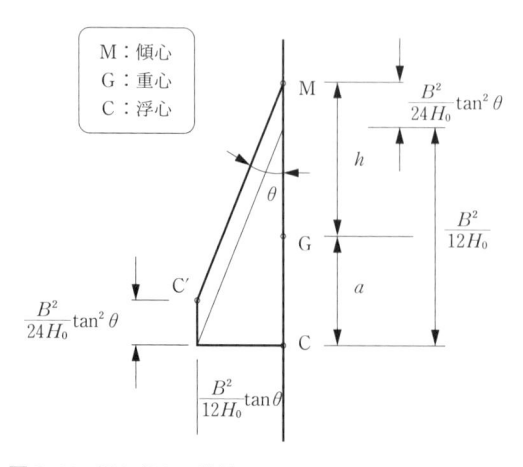

図 6.11 傾心高 h の計算

これを解いて
$$y = \frac{B^2}{24H_0}\tan^2\theta$$
となる．

⑥ 以上の計算結果をまとめると，図6.11に示すようになる．傾心高 h は
$$h = \frac{B^2}{12H_0}\left(1 + \frac{1}{2}\tan^2\theta\right) - a \tag{6.1}$$
となる．

【問題】

6.3 直方体の浮体の傾心高 h は，傾斜角 θ が大きくなると大きくなる．これは浮体の安定にどのように影響するか．

6.4 図6.8の喫水面は長さ L，幅 B の長方形である．x 軸 y 軸に直交する z 軸のまわりに浮体は回転する．

喫水面の z 軸まわりの2次モーメントは $I_z = \frac{1}{12}LB^3$ で，排水容積は $V = BLH_0$ であるから，先に計算した傾心高 h は $h = \frac{I_z}{V}\left(1 + \frac{1}{2}\tan^2\theta\right) - a$ となることを示せ．

6.4 図6.12に示す台形（三角形と長方形を合わせたもの）の図心の位置 (x_c, y_c) を求めよ．

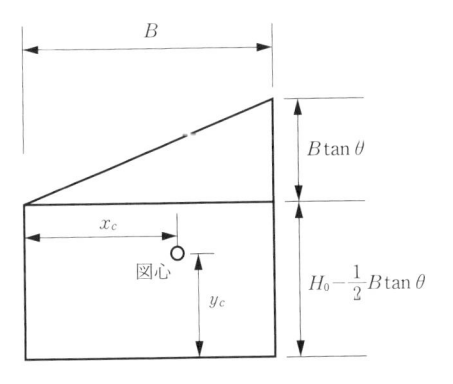

図 6.12 図心位置の計算問題

6.7 軸対称の一般的な浮体の傾心高の求め方

図6.13に示すように，水面に x 軸，z 軸，鉛直上向きに y 軸をとる．浮体は左右対称で，その中心軸が y 軸と z 軸である．また，浮体の排水容積は V，喫水面は図6.14の下の図（$x\sim z$ 面）に示す通りである．喫水面の x 方向の最大幅を b，$x=x$ での z 方向の長さを $l(x)$ とする．

① 浮体が z 軸を軸として角度 θ 傾くと，図6.14の右側は水中に入り，左側は空中に出る．このため浮心 C が図6.13に示すように x 方向に x_c，y 方向に y_c 移動して新浮心 C′ となる．

② 水中に入った部分の $x=x$ から $x=x+dx$ の dx 区間の体積は $l(x)x\tan\theta\,dx$ であるから，これの y 軸のまわりの1次モーメントは $l(x)x^2\tan\theta\,dx$ となる．

③ 上記の変化による y 軸に関する1次モーメントは，喫水面の幅 b 全体で

$$\tan\theta\int_{-b/2}^{b/2}l(x)x^2dx=\tan\theta\,I_z$$

となる．この積分 $\int_{-b/2}^{b/2}l(x)x^2dx$ は，喫水面の z 軸のまわりの2次モーメント I_z である．

④ 喫水面の左右両端の浮体壁面が y 軸に対して図6.14に示すように角度 β 傾いている場合には，浮体が θ 傾くと上記の③に示す体積1次モーメント

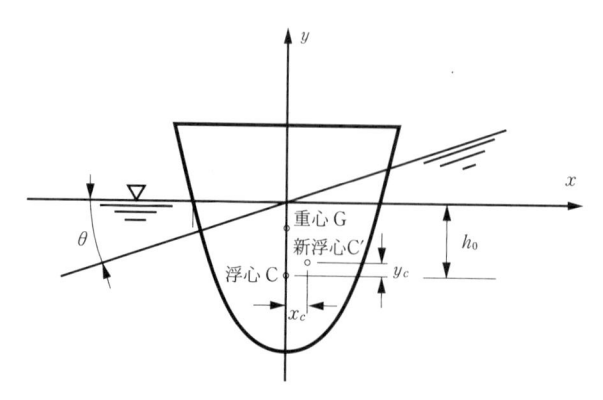

図 6.13 浮体の傾斜と浮心の移動

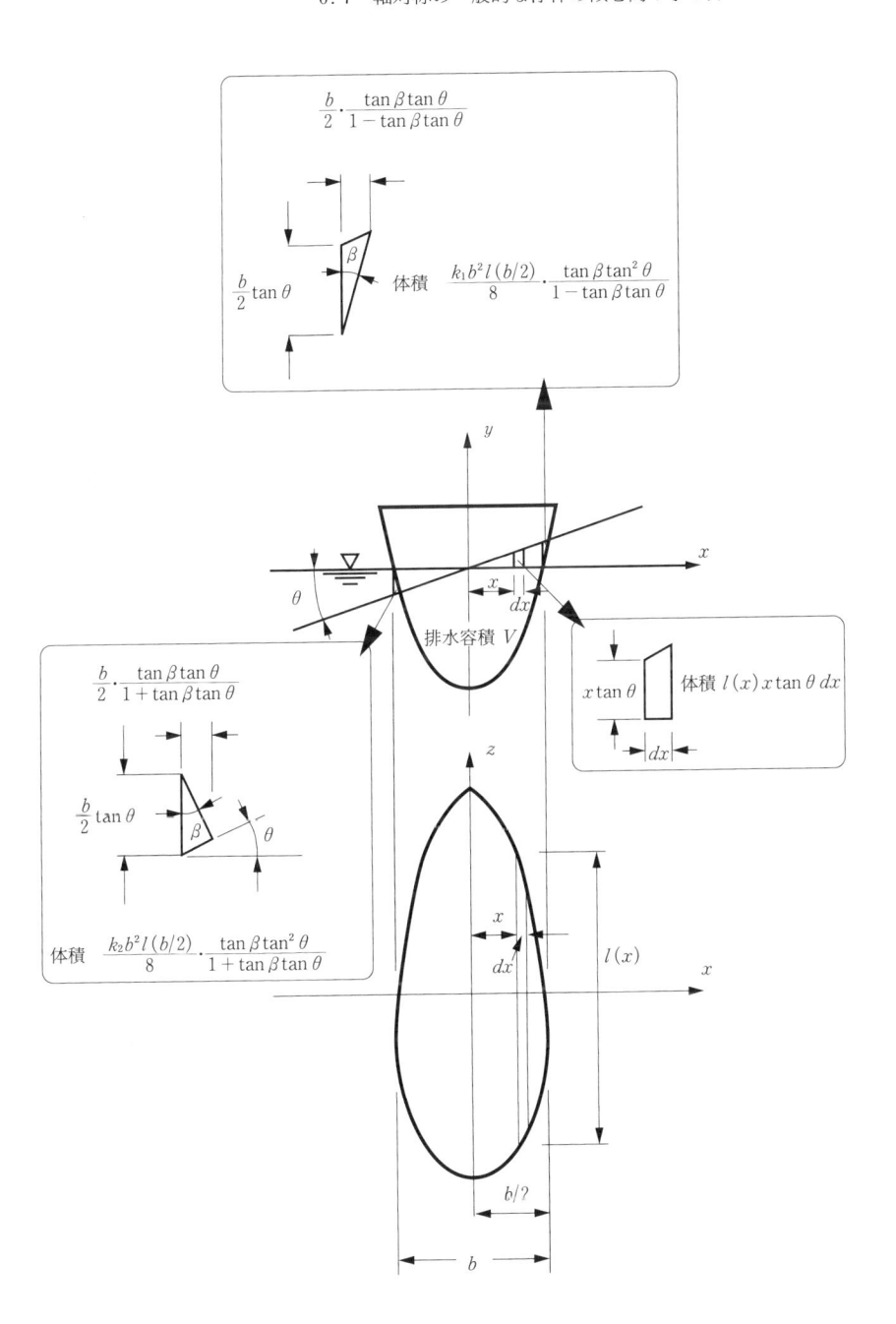

図 6.14 　一般の浮体の傾心高 h の計算

$\tan\theta\, I_y$ の他に

$$\frac{b^3 l(b/2)\tan\beta\tan^2\theta}{16}F_1(\beta,\theta)$$

ただし,

$$F_1(\beta,\theta)=\frac{k_1}{1-\tan\beta\tan\theta}-\frac{k_2}{1+\tan\beta\tan\theta}$$
$$+\frac{\tan\beta\tan\theta}{3}\Big(\frac{k_1 k_3}{(1-\tan\beta\tan\theta)^2}+\frac{k_2 k_4}{(1+\tan\beta\tan\theta)^2}\Big)$$

の y 軸に関する体積1次モーメントの変化が加わる.

補正係数 k_1, k_2, k_3, k_4 は浮体の左右両端の断面形が z 軸方向に変化するために必要な係数で, z 軸方向に断面が変化しない場合には1である. 一般にはこれらの補正係数 k_1, k_2, k_3, k_4 は1より小さい.

⑤ 上記の③,④に示した y 軸に関する体積モーメントの変化は,排水容積 V と浮心の x 方向への移動量 x_c との積に等しいから

$$x_c=\frac{\tan\theta}{V}\Big(I_z+\frac{b^3 l(b/2)\tan\beta\tan\theta}{16}F_1(\beta,\theta)\Big)$$

となる.

⑥ 次に浮心の y 方向の移動量 y_c を計算する.

図6.13に示すように,浮心Cと水面の間の距離を h_0 とする. 浮心Cを通って x 軸に平行な軸のまわりの新たに水中に入った部分と, 空中に出た部分の体積1次モーメントを求めると

$$\int_0^{b/2} l(x)\,x\tan\theta\Big(h_0+\frac{x}{2}\tan\theta\Big)dx-\int_{-b/2}^0 l(x)\,x\tan\theta\Big(h_0-\frac{x}{2}\tan\theta\Big)dx$$
$$=\frac{\tan^2\theta}{2}\int_{-b/2}^{b/2}l(x)\,x^2\,dx=\frac{\tan^2\theta}{2}I_z$$

⑦ 喫水面の左右両端が y 軸に β 傾斜しているために生ずる浮体傾斜にともなう体積1次モーメントの変化は

$$\frac{1}{8}b^2 l(b/2)\tan\beta\tan^2\theta\Big(h_0 F_2(\beta,\theta)+\frac{1}{6}bF_3(\beta,\theta)\Big)$$

である. ただし,

$$F_2(\beta,\theta)=\frac{k_1}{1-\tan\beta\tan\theta}-\frac{k_2}{1+\tan\beta\tan\theta}$$
$$F_3(\beta,\theta)=\frac{k_1 k_5(2-\tan\beta\tan\theta)}{(1-\tan\beta\tan\theta)^2}+\frac{k_2 k_6(2+\tan\beta\tan\theta)}{(1+\tan\beta\tan\theta)^2}$$

6.7 軸対称の一般的な浮体の傾心高の求め方

⑧ 上記の⑥,⑦に示した浮心 C を通り x 軸に平行な軸のまわりの体積1次モーメントの変化は,排水容積 V と浮心の y 方向への移動量 y_c の積になるから,y_c が次のように計算される

$$y_c = \frac{I_z}{V} \cdot \frac{\tan^2\theta}{2} + \frac{b^2 l(b/2)\tan\beta\tan^2\theta}{8V}\left(h_0 F_2(\beta,\theta) + \frac{1}{6}bF_3(\beta,\theta)\right)$$

⑨ 浮心の移動量 x_c,y_c から傾心高 h が次のように計算される.

$$\begin{aligned}h &= \frac{x_c}{\tan\theta} + y_c - a \\ &= \frac{I_z}{V}\left(1 + \frac{\tan^2\theta}{2}\right) - a \\ &\quad + \frac{b^2 l(b/2)\tan\beta\tan\theta}{16V}\left(b\left(F_1(\beta,\theta) + \frac{1}{3}\tan\theta F_3(\beta,\theta)\right)\right. \\ &\quad \left. + 2h_0\tan\theta F_2(\beta,\theta)\right) \end{aligned} \tag{6.2}$$

ただし,a は浮心 C と重心 G の距離で,重心 G が上にあるとき正(プラス)である.

⑩ 傾心高 h が正(プラス)のとき浮体は安定である.
浮体壁が鉛直の場合は $\beta=0$ となり,傾心高は

$$h = \frac{I_z}{V}\left(1 + \frac{\tan^2\theta}{2}\right) - a \tag{6.3}$$

となる.よって前節の直方体の場合と同じ式になる.

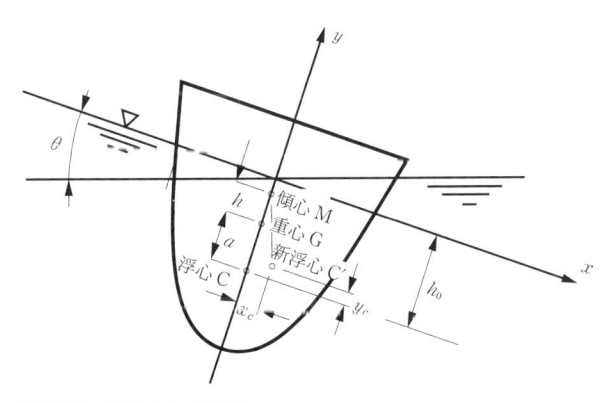

図 6.15 傾心高 h の計算

6.8 浮体の復元力

傾心高 h がプラスの場合は，浮体に働く重力 W と浮力 B が浮体を元に戻す力のモーメントを構成する．これを復元力（dynamical stability）という．

図6.16から復元力は

$$Wh\sin\theta \quad (W=B)$$

となる．

一方，傾心高 h は浮体壁が鉛直の場合は

$$h = \frac{I_z}{V}\left(1 + \frac{\tan^2\theta}{2}\right) - a$$

であるから復元力は

$$F = W\sin\theta \left(\frac{I_z}{V}\left(1 + \frac{\tan^2\theta}{2}\right) - a\right) \tag{6.4}$$

となり，傾斜角 θ が大きくなると復元力も大きくなることがわかる．

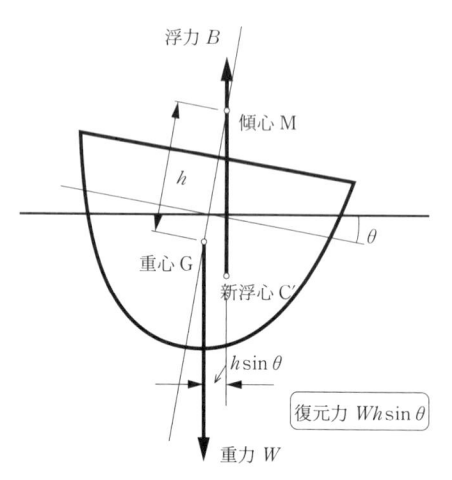

図 6.16　浮体の復元力

6.9 浮体の安定計算

一般に，浮体の安定計算は前述の「傾心高 h」を計算して，
　　h が正（プラス）のとき「安定」
　　h が零（0）のとき「中立」
　　h が負（マイナス）のとき「不安定」
とする．
　また，傾心高 h は傾斜角 θ が大きくなると大きくなるため，傾心高 h の計算は θ が小さい場合の次式により計算されている．

$$h = \frac{I_z}{V} - a \tag{6.5}$$

【問題】

6.6 台形断面の角柱を図6.17のように水面に浮かべた．角柱は均一な材質でできていて，その奥行方向の長さは $L = 30.00\,\mathrm{m}$ である．
次の各問に答えよ．ただし，途中の計算は有効数字を充分とって行い，最終の答えは有効数字3桁で答えよ．

(1) 角柱（浮体）の比重 s を計算せよ．
(2) 浮心と重心の間の距離 a を計算せよ．ただし，a は重心が浮心より上にある場合が正である．
(3) 喫水面の回転軸に対する2次モーメント I_y を計算せよ．

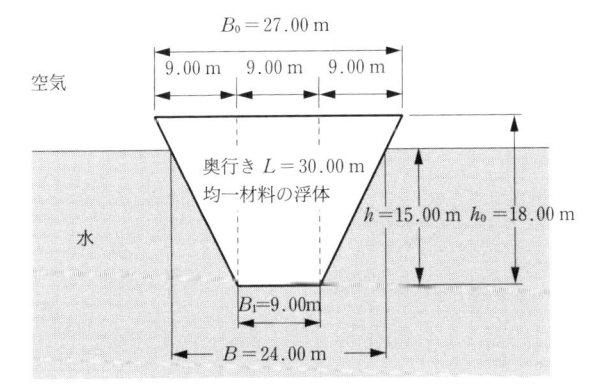

図 6.17　台形の浮体

(4) 排水容積 V を計算せよ．

(5) 傾心高 h を計算せよ．

6.7 図6.18のように底辺が $B = 6.00$ m，高さが $H = 6.00$ m の二等辺三角形断面の柱（長さ $L = 5.00$ m）が喫水深3.00 m で水面に浮かんでいる．傾心高 h を計算して浮体の安定を調べよ．

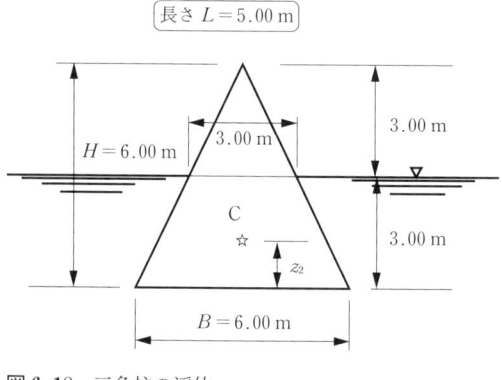

図 6.18 三角柱の浮体

問題の解答

1.1 $y = \dfrac{1}{2}gt^2$　　g は重力加速度，空気の抵抗などは無視した．

1.2 $v = \dfrac{dx}{dt} = a_0 t + v_0$　　　$a = \dfrac{d^2 x}{dt^2} = a_0$

1.3 ① 960　　② 9410　　③ 100　　④ 100　　⑤ 5000
　　　 ⑥ 5100　　⑦ 30　　⑧ 294　　⑨ 1500　　⑩ 3060

1.4 ① $[L^2]$　　② $[LT^{-2}]$　　③ $[MLT^{-2}][F]$　　④ $[M][FL^{-1}T^2]$
　　　 ⑤ $[ML^{-3}][FL^{-4}T^2]$　　⑥ $[ML^{-2}T^{-2}][FL^{-3}]$
　　　 ⑦ $[M^{-1}LT^2][F^{-1}L^2]$　　⑧ $[ML^{-1}T^{-1}][FL^{-2}T]$
　　　 ⑨ $[L^2T^{-1}]$　　⑩ $[1]$

1.5 $500 \text{ cm} + 3.00 \text{ m} = 8.00 \text{ m}$　　$10.0 \text{ N} + 1.00 \text{ kgf} = 19.8 \text{ N}$

1.6 100 m³の水の重量は100 tf（トン重），すなわち100000 kgf $= 980665$ N である．そこで，これに距離200 m を掛けて1s（秒）で割ればよいから
$980665 \text{ N} \times 200 \text{ m} \div 1\text{s} = 196133000 \text{ Nm/s} = 196133000 \text{ J/s}$
$\qquad\qquad\qquad = 196133000 \text{ W} = 196133 \text{ kW}$

1.7 ① 36　　② 637.4　　③ 1.020

2.1 0.78%
　　　 精度を1%以上要求しなければ，水の密度は1.00 g/cm³としてよい．

2.2 $w = 998.2 \text{ kgf/m}^3$ または $w = 9789 \text{ N/m}^3$

2.3 0.800

2.4 $\varDelta V = 0.0441 \text{ m}^3$

2.5 省略

2.6 省略

2.7 $T = 73.5 \times 10^{-5} \text{ N/m}$

2.8 $\varDelta p = 0.959 \text{ Pa} = 97.8 \text{ gf/m}^2$

2.9 水柱を持ち上げる力：表面張力 $\pi d T \cos\theta$

水柱に働く重力：$-\dfrac{w\pi d^2 h}{4}$

水柱に働く抵抗力：$-\dfrac{w\pi d^2 h}{4k}\cdot\dfrac{dh}{dt}$

水柱の質量：$\dfrac{w\pi d^2 h}{4g}$

水柱の加速度：$\dfrac{d^2h}{dt^2}$

運動方程式は，$\boxed{質量}\times\boxed{加速度}=\Sigma\boxed{力}$

$$\dfrac{d^2h}{dt^2}+\dfrac{g}{k}\cdot\dfrac{dh}{dt}+g-\dfrac{4gT\cos\theta}{whd}=0$$

2.10 $\mu=\rho\nu=\dfrac{w\nu}{g}$

$$=\dfrac{1000\,\text{kgf/m}^3\times 0.0100\,\text{cm}^2/\text{s}}{9.80665\,\text{m/s}^2}\times\dfrac{9.80665\,\text{N}}{1\,\text{kgf}}\times\left(\dfrac{1\,\text{m}}{100\,\text{cm}}\right)^2$$

$$=0.00100\,\text{N}\cdot\text{s/m}^2=0.00100\,\text{Pa}\cdot\text{s}$$

2.11 $u=\dfrac{1}{\mu}\displaystyle\int_0^y f(y)\,dy$ （図 A.1参照）

2.12 定義式

$$\tau=\mu\dfrac{du}{dy}$$

からわかるように，du/dy の正負により τ も正負となる（図 A.2参照）．

2.13 1 ×   2 ×   3 × （○とする場合もある．）

3.1 長方形の場合：

$$G_x=\int_h^{h+H}By\,dy=B\left[\dfrac{1}{2}y^2\right]_h^{h+H}=\dfrac{B}{2}\{(h+H)^2-h^2\}=BH\left(h+\dfrac{1}{2}H\right)$$

三角形の場合：

$$G_x=\int_h^{h+H}y\dfrac{B}{H}(y-h)\,dy=\dfrac{B}{H}\left[\dfrac{1}{3}y^3-\dfrac{1}{2}hy^2\right]_h^{h+H}$$

$$=\dfrac{1}{2}BH\left(h+\dfrac{2}{3}H\right)$$

円の場合：

$$G_x=\int_h^{h+H}2y\sqrt{(y-h)(H+h-y)}\,dy=\dfrac{\pi}{4}H^2\left(h+\dfrac{1}{2}H\right)$$

3.2 図 A.3の右のように図形を2個の長方形に分けて，それぞれについて

図 A.1　τ と u の関係

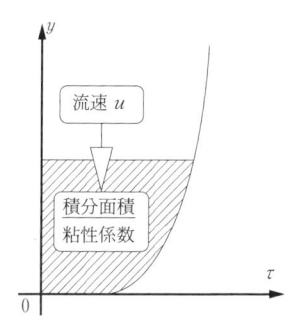

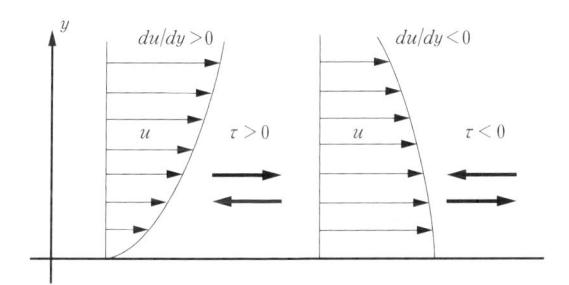

図 A.2　摩擦力 τ の正負

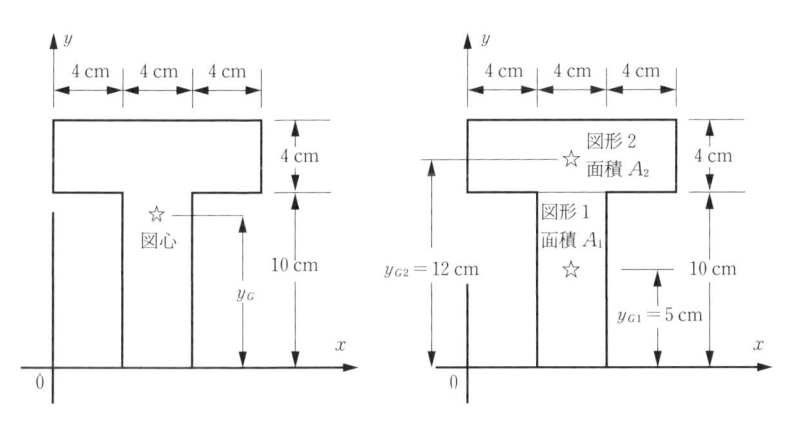

図 A.3　1次モーメントの計算問題の解答

x 軸に関する 1 次モーメントを計算して加える．

$$G_x = A_1 y_{G_1} + A_2 y_{G_2} = 40\,\mathrm{cm^2} \times 5\,\mathrm{cm} + 48\,\mathrm{cm^2} \times 12\,\mathrm{cm} = 776\,\mathrm{cm^3}$$

図心までの距離 y_G は

$$y_G = \frac{G_x}{A_1 + A_2} = \frac{776\,\mathrm{cm^3}}{40\,\mathrm{cm^2} + 48\,\mathrm{cm^2}} = 8.818\,\mathrm{cm}$$

3.3 $G_y = 528\,\mathrm{cm^3}$

3.4 図A：$x_G = 1.67\,\mathrm{cm}$, $y_G = 2.50\,\mathrm{cm}$

図B：$x_G = 2.33\,\mathrm{cm}$, $y_G = 2.67\,\mathrm{cm}$

3.5 長方形：

$$I_{x_0} = \int_{-H/2}^{H/2} y^2 B\,dy = \frac{1}{3} B\,[y^3]_{-H/2}^{H/2} = \frac{1}{3} B\left(\left(\frac{H}{2}\right)^3 - \left(-\frac{H}{2}\right)^3\right) = \frac{1}{12} BH^3$$

三角形：

$$I_{x_0} = \int_{-1/3H}^{2/3H} y^2 \frac{B}{H}\left(\frac{2}{3}H - y\right)dy = \frac{1}{36} BH^3$$

3.6 図3.7の x 軸に関する 2 次モーメント I_{x_0} は，$y = y$ の部分に dy の幅の微小面積 $2\sqrt{r^2 - y^2}\,dy$ に y^2 を掛けて $-r$ から $+r$ まで積分して計算される．すなわち，

$$I_{x_0} = \int_{-r}^{r} 2y^2 \sqrt{r^2 - y^2}\,dy = \frac{\pi}{4} r^4$$

3.7 半円の面積：

$$A = \frac{1}{2}\pi r^2$$

x 軸に関する 1 次モーメント：

$$G_x = \int_0^r 2y\sqrt{r^2 - y^2}\,dy = \int_0^r \sqrt{r^2 - y^2}\,dy^2$$

$$= -\int_0^r \sqrt{r^2 - y^2}\,d(r^2 - y^2) = \frac{2}{3} r^3$$

図心の y 座標値：

$$y_G = \frac{G_x}{A} = \frac{\dfrac{2}{3}r^3}{\dfrac{\pi r^2}{2}} = \frac{4}{3\pi} r = 0.4244\,r$$

x 軸に関する 2 次モーメント I_x は前問の円の 2 次モーメント I_{x_0} の 2 分の 1 である．

すなわち，$I_x = \dfrac{\pi}{8} r^4$ となる．

一方，先に求めた公式 $I_x = I_{x_0} + A y_G{}^2$ を用いて，図3.8の半円の図心のまわりの2次モーメント I_{x_0} は次のように計算される．

$$I_{x_0} = I_x - A y_G = \frac{\pi}{8} r^4 - \frac{\pi}{2} r^2 \left(\frac{4}{3\pi} r\right)^2 = \left(\frac{\pi}{8} - \frac{8}{9\pi}\right) r^4 = 0.109757 \, r^4$$

4.1 図 A.4 に記入した説明を参考にせよ．

4.2 ① 300000 ② 30.0 ③ 2.942 ④ 25.078

4.3 省略

4.4 時計回りに回転する．

4.5 式(4.5)に与えられた条件を代入して計算すると

$dp = \rho X dx + \rho Y dy + \rho Z dz = -\rho g dz$

積分して

$$\int dp = -\int \rho g dz$$

積分常数を p_0 とすると

$p = p_0 - \rho g z$

4.6 積分常数を p_0 として

$p = p_0 + \rho g (0.2 x + 0.2 y - z)$

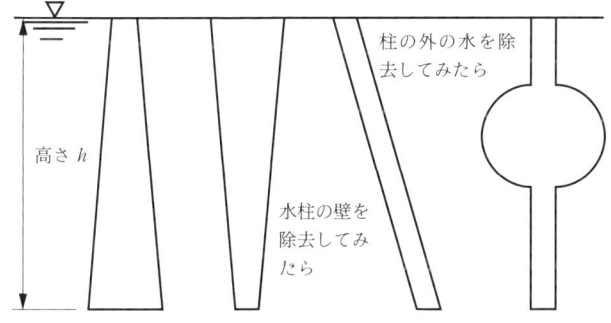

図 A.4 変断面柱と静水圧の説明

4.7 バケツのような円筒に水を入れて，円筒の中心軸のまわりに角速度 ω で回転した場合に相当する．積分常数を p_0 として

$$p = p_0 + \frac{1}{2}\rho\omega^2(x^2+y^2) - \rho g z$$

4.8 図 A.5に示すように，①上層の油の中と②下層の水の中とで $\frac{p}{w}+z$ が同じにならない．

4.9 $p_1 - p_2 = 5884\,\mathrm{Pa} = 600\,\mathrm{kgf/m^2}$

4.10 (1) $8434\,\mathrm{Pa}$ (2) $0.860\,\mathrm{m}$

4.11 $p_1 = 17.65\,\mathrm{kPa} = 1800\,\mathrm{kgf/m^2}$

4.12 $p_1 - p_2 = 17.65\,\mathrm{kPa} = 1800\,\mathrm{kgf/m^2}$

4.13 関係しない．

4.14 そのようになる．

4.15 (1) $P = 540000\,\mathrm{kgf} = 5296\,\mathrm{kN}$ (2) $z_c = 9.333\,\mathrm{m}$

4.16 (1) $F_H = w y_G A$
$\qquad\qquad = 1000\,\mathrm{kgf/m^3} \times 3.00\,\mathrm{m} \times 6.00\,\mathrm{m^2} = 18000\,\mathrm{kgf}$
$\qquad\qquad = 18.0\,\mathrm{tf} = 177\,\mathrm{kN}$

$\qquad y_c = \dfrac{2}{3} \times 6.00\,\mathrm{m} = 4.00\,\mathrm{m}$

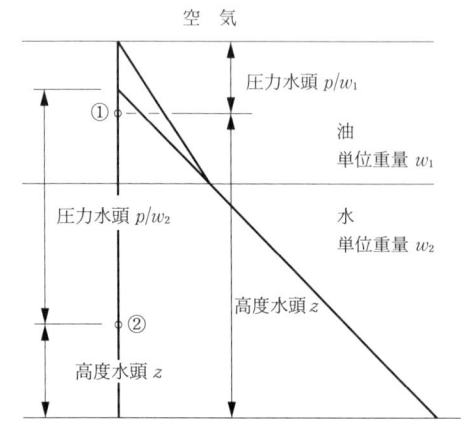

図 A.5 2層中での比エネルギ

(2) $F_V = wV = 1000 \text{ kgf/m}^3 \times \frac{1}{2} \times 3.00 \text{ m} \times 4.00 \text{ m} \times 1.00 \text{ m}$

$= 6000 \text{ kgf} = 6.00 \text{ tf} = 58.8 \text{ kN}$

$x_c = \frac{2}{3} \times 4.00 \text{ m} = 2.67 \text{ m}$

(3) $F = \sqrt{F_H{}^2 + F_V{}^2} = \sqrt{(18.0 \text{ tf})^2 + (6.00 \text{ tf})^2} = 19.0 \text{ tf} = 186 \text{ kN}$

$z_c = 3.00 \text{ m} + 0.556 \text{ m} = 3.56 \text{ m}$

4.17 (1) $P = 19.255 \text{ kN} = 1963.5 \text{ kgf}$ (2) $z_c = 2.525 \text{ m}$

4.18 (1) $P_H = wz_G A = 1000 \text{ kgf/m}^3 \times 1.50 \text{ m} \times 3.00 \text{ m} \times 5.00 \text{ m}$

$= 22500 \text{ kgf} = 220.65 \text{ kN}$

(2) $z_c = 2.00 \text{ m}$

(3) 図 A.6 の排水容積 V を計算すると

$V = \left(\frac{1}{3} \frac{\pi}{4} \times (4.00 \text{m})^2 + \frac{1}{2} \times 1 \text{m} \times \sqrt{3} \text{ m}\right) \times 5.00 \text{m} = 25.2741 \text{m}^3$

$P_V = wV = 1000 \text{ kgf/m}^3 \times 25.2741 \text{ m}^3 = 25274 \text{ kgf} = 247.85 \text{ kN}$

(4) $x_c = \frac{P_H(z_c - 1.00 \text{ m})}{P_V} = \frac{22500 \text{ kgf}}{25274 \text{ kgf}} \times 1.00 \text{ m} = 0.8902 \text{ m}$

4.19 (1) $P_H = 22500 \text{ kgf} = 220650 \text{ N}$ (2) $y_c = 2.00 \text{ m}$

(3) $P_V = 17671.5 \text{ kgf} = 173298 \text{ N}$ (4) $x_c = 0.6366 \text{ m}$

4.20 (1) $P_H = \frac{1}{2} wLR^2$ (2) $P_V = \frac{\pi}{4} wLR^2$ (3) $y_c = \frac{2}{3} R$

(4) $x_c = \frac{4}{3\pi} R$

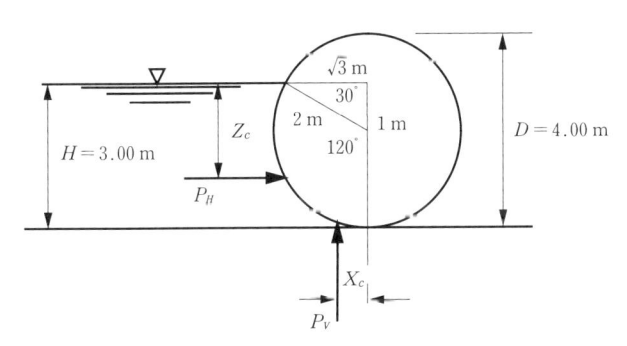

図 A.6　円柱の作用する静水圧（解答）

4.21 (1) $h_1 - h_2 = \left(1 - \dfrac{w_2}{w_1}\right)h_3$

(2) 油側（右）から水側（左）に

$\dfrac{w_2}{2}\left(1 - \dfrac{w_2}{w_1}\right)h_3^2 L$

(3) $\phi_1 = \cos^{-1}\left(\dfrac{h_1 - R}{R}\right)$, $\phi_2 = \cos^{-1}\left(\dfrac{h_2 - R}{R}\right)$ として，鉛直上向き成分（浮力）は

$\dfrac{R^2 L}{2}[w_1(\phi_1 - \sin\phi_1 \cos\phi_1) + w_2(\phi_2 - \sin\phi_2 \cos\phi_2)]$

(4) 時計まわりに回転する．

5.1 1912.3 J

5.2 2.039 m

5.3 956.1 W

5.4 196133 kW

5.5 3677.5 J

5.6 (1) $\dfrac{dV}{dt} = \dfrac{d^2 x}{dt^2} = -\dfrac{F}{M}$

(2) $V = -\dfrac{F}{M}t + V_0$ $x = V_0 t - \dfrac{F}{2M}t^2 + x_0$

(3) $t_1 = \dfrac{MV_0}{F}$ $x_1 = \dfrac{MV_0^2}{2F} + x_0$

(4) $F(x_1 - x_0) = \dfrac{MV_0^2}{2}$

5.7 (1) $B = \rho g U$ (2) $\rho g U h$ (3) $p_1 - p_2 = \rho g h$

(4) $\rho g h = p_1 - p_2$ を $\rho g U h$ に代入する．

(5) 省略   (6) 省略

(7) ア $Mg(h + h_0)$ イ Mgh ウ Mgh_0

5.8 $[E] = [FL] = [ML^2 T^{-2}]$ $[s] = [h] = [L]$

5.9 $Mgz = 14122$ J $\dfrac{1}{2}MV^2 = 3600$ J $\dfrac{Mp}{\rho} = 9360$ J

5.10 $z = 20$ m $\dfrac{V^2}{2g} = 5.099$ m $\dfrac{p}{\rho g} = 13.256$ m

問題の解答 —— 81

6.1　$\dfrac{1}{2}w\pi R^2 L$

6.2　$\left(\left(\dfrac{1}{3}\pi + \dfrac{\sqrt{3}}{8}\right)w_1 + \left(\dfrac{1}{6}\pi - \dfrac{\sqrt{3}}{8}\right)w_2\right)R^2 L$

6.3　$\theta \to 0$ のとき h が正（プラス）で浮体が安定の場合，θ が大きくなると h がさらに大きくなり，それにより復元モーメントも大きくなり安定する．

6.4　省略

6.5　$x_c = \dfrac{1}{2}B + \dfrac{1}{12}\cdot\dfrac{B^2}{H_0}\tan\theta$　　　$y_c = \dfrac{1}{2}H_0 + \dfrac{B^2}{24H_0}\tan^2\theta$

6.6　(1)　$s = 0.764$　　(2)　$a = 1.86$ m　　(3)　$I_y = 34600$ m^4
　　 (4)　$V = 7430$ m^3　　(5)　$h = 2.79$ m

6.7　図 A.7 のように浮体を喫水面により上下に分けて，上の三角形断面の面積を A_1，図心の位置を z_1 とし，下の台形断面の面積を A_2，図心の位置を z_2 とする．全断面の面積，図心の位置は A, z とする．これらの値は容易に計算されて図 A.7 にその値を記入した．図 6.18 の浮心 C は図 A.7 の G_2 と同じで，その位置は次式により計算される．

$$z_2 = \dfrac{Az - A_1 z_1}{A_2} = \dfrac{18.0\,\mathrm{m}^2 \times 2.00\,\mathrm{m} - 4.5\,\mathrm{m}^2 \times 4.00\,\mathrm{m}}{13.5\,\mathrm{m}^2} = 1.333\,\mathrm{m}$$

浮体の重心 G と浮心 C の間の距離は，

$a = z - z_2 = 2.000\,\mathrm{m} - 1.333\,\mathrm{m} = 0.667\,\mathrm{m}$

喫水面の回転軸に関する 2 次モーメント I_y は

$A_1 = 1/2 \times 3.00\,\mathrm{m} \times 3.00\,\mathrm{m} = 4.50\,\mathrm{m}^2$

$A = 1/2 \times 6.00\,\mathrm{m} \times 6.00\,\mathrm{m} = 18.0\,\mathrm{m}^2$

$A_2 = A - A_1 = 18.0\,\mathrm{m}^2 - 4.5\,\mathrm{m}^2 = 13.5\,\mathrm{m}^2$

$z = 2.00\,\mathrm{m}$　　$z_1 = 4.00\,\mathrm{m}$

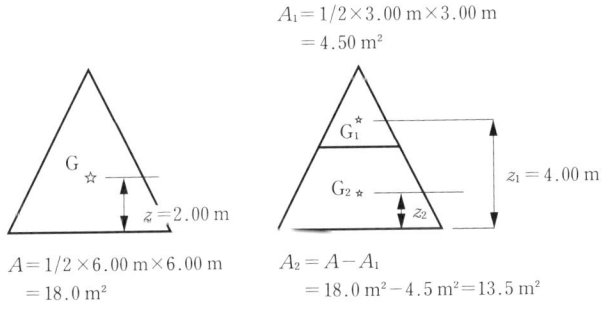

図 A.7　浮心の計算

$$I_y = \frac{1}{12}Lb^3 = \frac{1}{12} \times 5.00 \text{ m} \times (3.00 \text{ m})^3 = 11.25 \text{ m}^4$$

排水容積 V は $V = A_2 \times L = 13.5 \text{ m}^2 \times 5.00 \text{ m} = 67.5 \text{ m}^3$

傾心高 h は $h = \dfrac{I_y}{V} - a = \dfrac{11.25 \text{ m}^4}{67.5 \text{ m}^3} - 0.667 \text{ m} = -0.500 \text{ m}$

となり，傾心高 h がマイナスであるから浮体は不安定である．

事項索引

アルファベット

FLT 次元系　　9
ICAO 標準大気　　33
ISO　　1,33
MLT 次元系　　9
SI 単位　　1,2

ア行

圧縮性流体　　22
圧縮率　　15
圧力　　32
圧力水頭　　38,55
圧力のエネルギ　　54
圧力の単位　　32
アルキメデスの原理　　59
位置のエネルギ　　52
運動のエネルギ　　53
エネルギ　　52
エネルギ保存則　　57
円柱に働く全水圧　　46
オイラーの方法　　5

カ行

外力の加速度　　36
確率誤差　　8
加速度　　3
完全流体　　22
基本次元　　9
曲面に働く静水圧　　45
空気に対する水の表面張力　　16
傾心　　62
傾心高　　62

傾心高の求め方　　62,66
計量法　　1
ゲージ圧力　　33
高度水頭　　38,55
工率　　52
誤差理論　　8

サ行

最確値　　8
差動マノメータ　　40
時間的加速度項　　6
次元　　9
仕事　　51
仕事率　　52
実在流体　　22
重心　　26,60
重力　　60
重力の加速度　　7
真値　　8
水圧計　　40
数値　　8
図形の1次モーメント　　26
図形の2次モーメント　　29
図心　　26
静水圧　　31,38
静水圧の一般表示　　35
静水力学　　31
接触角　　18
絶対圧力　　33
全水圧の大きさ　　43
全水圧Pの作用点の位置　　43
速度　　2
速度水頭　　55

タ行

体積弾性係数　15
単位　8
単位重量　14
単位の変換　10
動粘性係数　21
動力　52
度量衡法　1

ナ行

2層以上の液体中の圧力　34
ニュートンの運動法則　7
ニュートンの摩擦法則　19
ニュートン流体　21
粘性　19
粘性係数　21
粘性流体　22

ハ行

排水容積　68
場所的加速度項　6
非圧縮性流体　22
比エネルギ　54
比重　14
ひずみ速度　19

非ニュートン流体　21
非粘性流体　22
表面張力　16
復元力　60,70
浮心　60
浮体　60
浮体の安定計算　71
浮体は安定　60
物理量　8
浮力　60
平面に働く静水圧　41
ベルヌーイの式　57

マ行

摩擦力　19
マノメータ　39,40
水の密度　13
密度　13
無次元量　10
毛細管現象　18

ヤ行

有効数字　8

ラ行

ラグランジュの方法　4

著者紹介

荻原能男（おぎはら　よしお）
　　昭和9年生まれ
　　昭和32年　山梨大学工学部卒業
　　昭和34年　東京大学大学院数物系研究科修士課程修了
　　　同年　　山梨大学工学部助手
　　昭和37年　山梨大学工学部講師
　　昭和39年　山梨大学工学部助教授
　　昭和49年　東京工業大学より学位授与（工学博士）
　　　同年　　山梨大学工学部教授
　　平成12年　山梨大学を停年退官
　　　同年　　山梨大学名誉教授
　　主な著書『土木技術者のための振動便覧』（共著）土木学会，1966．
　　　　　　『水理実験指導書』（編集委員長）土木学会，1967．
　　　　　　『新版　流量計算法』（共著）工学図書，1972．
　　　　　　『多孔材料－性質と利用』（共著）技報堂，1973．
　　　　　　『水理公式集－昭和60年版』（共著）土木学会，1985．

水理学の初歩―はじめて学ぶ人のために

2000年5月5日　第1版第1刷発行
2015年10月20日　第1版第4刷発行

　　　　　著　者　荻原能男
　　　　　発行者　橋本敏明
　　　　　発行所　東海大学出版部
　　　　　　　　　〒257-0003　神奈川県秦野市南矢名3-10-35
　　　　　　　　　東海大学同窓会館内
　　　　　　　　　TEL：0463-79-3921　　FAX：0463-69-5087
　　　　　　　　　振替：00100-5-46614
　　　　　　　　　URL：http://www.press.tokai.ac.jp/
　　　　　印刷所　港北出版印刷株式会社
　　　　　製本所　株式会社積信堂

Ⓒ Yoshio Ogihara，2000．　ISBN978-4-486-01511-6
Ⓡ〈日本複製権センター委託出版物〉
本書の全部または一部を無断で複写複製（コピー）することは，著作権法上の例外を除き，禁じられています．本書から複写複製する場合は，日本複製権センターへご連絡の上，許諾を得てください．　　　　　　　　　　日本複製権センター（電話03-3401-2382）

水理学の基礎
星田義治・濱野啓造 著 　　　　　　　　　　　　　定価（本体 3500 円＋税）
基礎的事項を中心に，難解な流体力学は多用せず，平易に解説．

水理学演習
粟谷陽一 監修／飯田邦彦・市川勉 著 　　　　　　定価（本体 3300 円＋税）
具体的例題を数多く示し，丁寧に解いている．基礎的解説もあり，教科書・副読本に最適．

土の力学
近藤博・本間重雄・綿引恵一 著 　　　　　　　　　定価（本体 2300 円＋税）
土の構造・性質から，土にかかる力および土の挙動，水との相互作用などを解説．

ウィトルーウィウス建築書 ［普及版］
森田慶一 訳註 　　　　　　　　　　　　　　　　　定価（本体 2500 円＋税）
ルネサンス以来現在に至るまで，ヨーロッパ各国で翻訳されてきた古典の邦訳普及版．

ハウジング・プロジェクト・トウキョウ
都市環境構成研究会 著 　　　　　　　　　　　　　定価（本体 2400 円＋税）
若手建築家による都市分析と，未来，東京への展望を示すハウジングプロジェクトを提案．

図・建築表現の手法
図研究会 著 　　　　　　　　　　　　　　　　　　定価（本体 2800 円＋税）
建築教育に必要な設計図等の描き方（表現手法）を，図・写真を多用して平易にまとめた．

図 2　建築模型の表現
図研究会 著 　　　　　　　　　　　　　　　　　　定価（本体 2500 円＋税）
建築模型の表現手法と特徴を解説し，その作り方・表現方法をわかりやすくまとめる．

図 3　建築の図形表現
図研究会 著 　　　　　　　　　　　　　　　　　　定価（本体 2500 円＋税）
「立体図形としての建築形態」の描き方をわかりやすく視覚的にまとめる．

図説　構造力学
小泉武美・藤井衛 著 　　　　　　　　　　　　　　定価（本体 2500 円＋税）
基礎的なベクトル計算から，具体的な「はり」「ラーメン」「トラス」までを解説．

建築家・デザイナーをめざす人の建築デザイン
ケンチクノキソ　Architectural Design for Beginners
今村壽博・宇野務・十亀昭人 著 　　　　　　　　　定価（本体 2000 円＋税）
色彩，図学，造形をまとめた建築家，建築デザイナーを目指す人のためのカラー基礎テキスト．